図解 火砲

F FILES No.039

水野大樹 著

新紀元社

はじめに

人類の歴史は戦争の歴史であるといわれます。人類は絶え間ない戦いという歴史のなかで、より攻撃力が高く、より殺傷力をもった兵器の開発に余念がありませんでした。

そして、人類が手にした兵器のひとつが「火砲」です。それは12世紀後半から14世紀はじめの頃だったとされます。火砲とは、火薬を用いて弾丸を発射する口径の大きい兵器のことをいい、大砲がその代表です。当初は、製造や弾丸の補給が難しいなどの理由から戦場の主役にはなりませんでした。とくに大砲は、移動が困難だったり、一度設置したら向きを変えられなかったりといった欠点がありました。しかし、その威力に可能性を見出した人類は、その後、火砲にさまざまな改良を加えていくことになります。移動しやすいように砲架に車輪をつけ、発射角度を変えられるように砲耳を発明しました。18世紀の産業革命によって、より強固な砲身の製造が可能になると火砲はさらに発展し、より弾道が安定するように砲身内にライフリングが刻まれ、砲撃時の砲身後退を防ぐ駐退復座機が発明されました。火砲は戦場になくてはならない兵器となり、近現代では各種の大砲が戦況を左右するほどになりました。そして現代では、軍を有する国で、大砲（あるいはそれに類する兵器）を保有しない国はないほどです。

火砲は火器ですが、火器は小火器と重火器に分類されます。小火器は拳銃や小銃など基本的に個人で携行できる兵器、重火器は大砲や重機関銃、ミサイルなど個人で携行できない兵器です。つまり火砲は火器のひとつであり、そのなかでは重火器に属します（小火器も含めて火砲と呼ぶ場合もあります）。

そして、本書は、大砲の仕組みやさまざまな大砲を紹介することを中心に構成しました。扱っている時代は火砲誕生から第二次世界大戦までです。また、大砲の系譜を引く兵器といえる迫撃砲や無反動砲と、火砲ではありませんが大砲の原理から生まれ近代海戦の花型兵器といえる魚雷、機雷、爆雷、あるいは艦載砲の二次的な役割をもつ旋回砲なども扱っています。また、第4章は雑学として、火薬発祥の地、中国で生まれた火薬を使った兵器などを紹介しています。

目次

目次

第1章
大砲の仕組み

No.001

大砲はどう分類されるか？

カノン砲、榴弾砲、臼砲、迫撃砲など、大砲にはいくつかの種類があり、さまざまな分類法がある。用途別や弾道の違い、時代によって分類法が違っていて、ここでは年代ごとの代表的な分類法を解説する。

●大砲の分類法は数種類ある

大砲が実戦で使われるようになった16世紀頃のヨーロッパでは、用途別に大砲を3つに分類していた。すなわち、①長距離砲、②攻城《こうじょう》砲、③石《せき》弾《だん》砲の3つである。長距離砲は射程距離が長い大砲のことで、攻城砲は城を攻撃するための大砲で、のちのカノン砲につながる。石弾砲は砲身が短い大砲で、のちに臼砲《きゅうほう》や迫撃《はくげき》砲となる。

砲術の世界では弾道によって大砲を分類し、①カノン砲（弾道がほぼ水平)、②臼砲（弾道が高い)、③榴弾《りゅうだん》砲（カノン砲と臼砲の中間くらいの弾道）の3つに分けられる。

また、近代になって技術が発展すると、射程と弾道特性によって大砲を分類するようになった。①対戦車砲、②対空砲（高射砲)、③迫撃砲（臼砲)、④榴弾砲、⑤カノン砲の5つである。対戦車砲は、目標物が戦車であり、その装甲《そうこう》を貫くことが目的であるため、射角はほぼ水平であり、弾道は低く、射程距離も短い。それに対して、対空砲は目標物が空中にあるため射角は垂直に近く、弾道も非常に高くなる。迫撃砲は、対空砲に次いで弾道が高い大砲であり射程は短く、曲射弾道を描いて着弾する。榴弾砲は迫撃砲よりも砲弾を遠くへ飛ばせる大砲で、カノン砲は榴弾砲より砲弾を遠くへ飛ばすことができる。また、カノン砲のほうが初速が速い。

榴弾砲やカノン砲の射角は45度以下で、射程距離が違うだけで、現代では両者にほとんど違いはない。

また、大砲のなかには「ナポレオン砲」や「リトル・デービッド」など固有の名前がついたものもあるが、これは通称である場合が多く、たとえば「ナポレオン砲」は正式には「12センチメートル榴弾砲」、「リトル・デービッド」は「36インチ重臼砲」という。

大砲の分類

●用途による分類

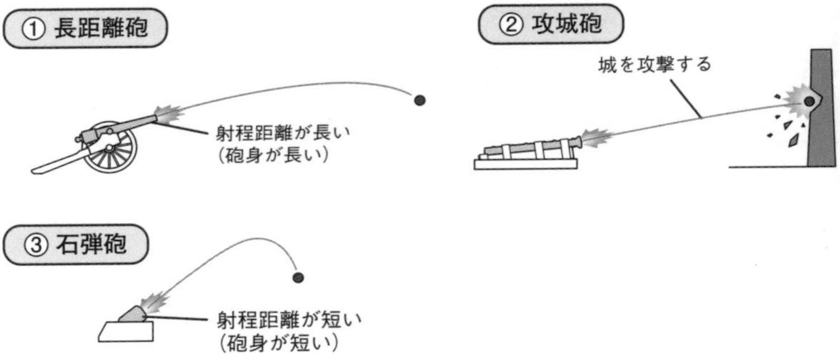

●弾道による分類

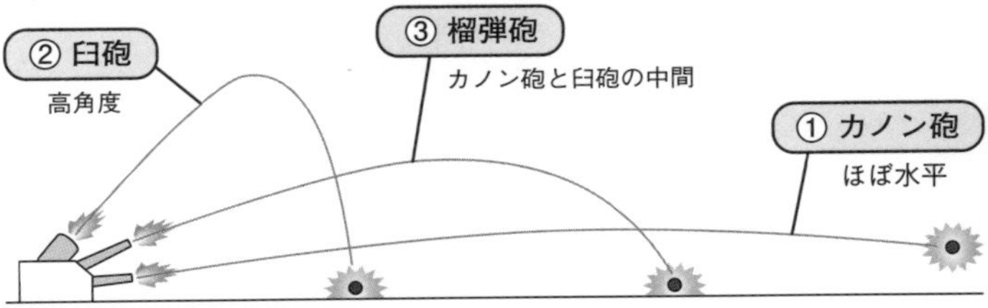

●射程と弾道特性による分類

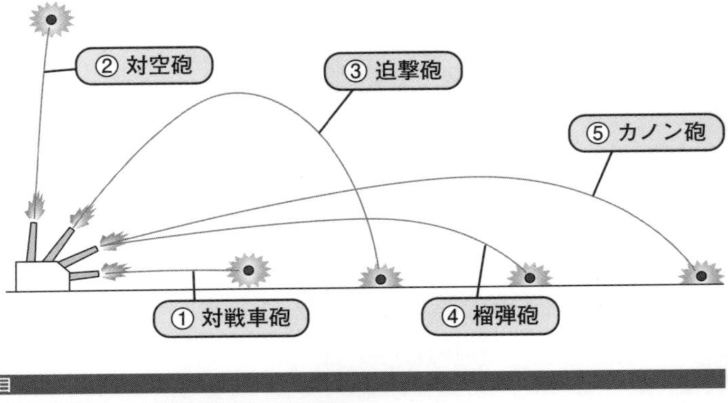

関連項目

●「カノン砲」は時代によって分類法が違う？→No.029
●榴弾砲とは？→No.035　●攻城戦に活躍した「臼砲」とは？→No.030

No.002

大砲の基本的な構造とは？

大砲は「砲身」と「砲架」を基本の部品として、そのほかにも「閉鎖機」や「駐退復座機」など、さまざまな部品から構成されている。それぞれの役割を簡単に説明していく。

●砲身から下部砲架まで

大砲はさまざまな部品から構成されている。もっとも重要となるのは、「砲身《ほうしん》」である。砲身はいうまでもなく砲弾を装填《そうてん》・発射する円柱状の筒だ。

前装式の大砲は砲尾《ほうび》が閉じられていて、砲口（砲弾を発射する部分）から火薬と砲弾を装填する。そのため、砲尾には装薬に点火するための穴(点火口）が開いている。

一方、後装式の大砲は、砲身の下部（砲尾）が開いていて、そこから砲弾や装薬を装填して「閉鎖機」が取り付けられる。

また、砲身には、砲撃時の反動を吸収するための「駐退復座機《ちゅうたいふくざき》」が取り付けられている。駐退復座機は揺架《ようか》（砲鞍《ほうあん》）という箱状のものに入れられており、これが砲身と閉鎖機を支えている。

揺架の両側には、砲身を上下させて射角を変えるための「砲耳《ほうじ》」がついている。

砲耳はたいてい砲尾に近い位置で砲身を支えているが、これだと砲口側に重心がかかり、射角を変える際に重すぎて砲身を動かすのが困難となる。そこで、砲身を簡単に上下できるようにする「平衡機《へいこうき》」がある。平衡機はスプリング式か、液・気圧式の装置で、この装置によって砲身はうまく前後のバランスをとることができる。

砲身・揺架・閉鎖機を支えているのが上部砲架《ほうか》で、下部砲架（砲座）の上に載せられている。上部砲架には、砲架を旋回させるための装置が装備されている。

以上が大砲の基本的な仕組みで、そのほかに照準具がつけられる。照準具は大砲の種類や役割によって大きく変わってくる。

大砲の基本的な構造

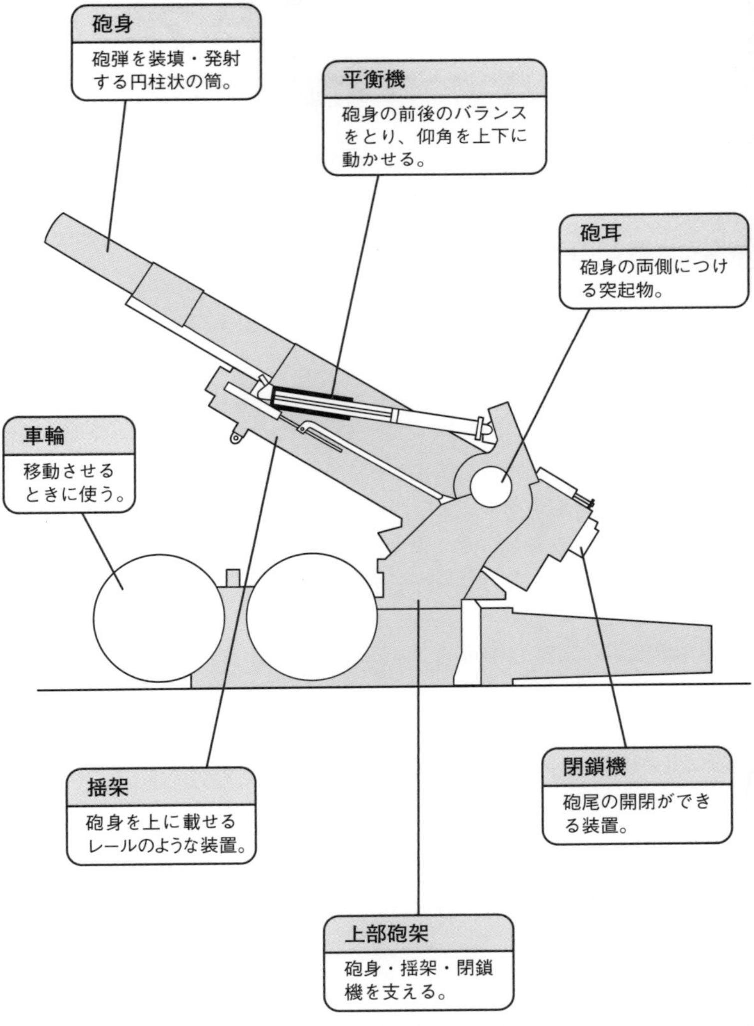
砲身
砲弾を装填・発射する円柱状の筒。
平衡機
砲身の前後のバランスをとり、仰角を上下に動かせる。
砲耳
砲身の両側につける突起物。
車輪
移動させるときに使う。
閉鎖機
砲尾の開閉ができる装置。
揺架
砲身を上に載せるレールのような装置。
上部砲架
砲身・揺架・閉鎖機を支える。

関連項目

●発射時の反動はどう吸収する？→No.010　●閉鎖機とは何か？→No.011
●「砲耳」の発明は大砲をどう変えた？→No.027

No.003

「口径」とは何か？

「口径」とは、砲口の直径を表す言葉である。ただし、銃と大砲、単位がつくかつかないかで意味が変わる。たとえば火砲の場合、砲口の直径ではなく砲身長を表すこともある。

●銃と大砲では計算方法が違う

火砲を説明する際によく使われるのが、「口径」という言葉である。「50口径重機関銃」とか「50口径砲」などと使われるが、口径とはどういう意味だろうか。

口径とは、簡単にいえば砲口の直径である。つまり、銃や大砲の発射口の内径の大きさだ。

滑腔砲とライフル砲では意味するところが微妙に違い、滑腔砲の場合は砲口の内径の大きさがそのまま口径となるが、ライフル砲の場合は、溝の山になった部分の直径を口径と表す。

また、銃と大砲、あるいは単位がつくかつかないかで、以下のように意味が変わる。

銃の場合、１口径は100分の１インチ（約0.254ミリメートル）を表している。たとえば、50口径ならば「50×1/100インチ=0.5インチ（約12.7ミリメートル）」となり、口径は約12.7ミリメートルである。

ただし、「7.63ミリメートル口径」といったように、単位がついている場合は、その数字自体が口径の大きさとなる。

大砲の場合は「口径」が砲身の長さ（砲身長）を表すこともある。

口径と砲身長の比率を口径長といい、大砲の場合は、この口径長を口径と呼ぶ場合がある。つまり、砲身の長さが口径の何倍あるのかという意味になる場合もあるのだ。

たとえば「62口径５インチ砲」という場合、「62口径」は口径長で、「５インチ（約127ミリメートル）」が砲口の直径となる。そして、砲身の長さは口径の62倍という意味になり、「５×62=310インチ（約7.9メートル）」ということである。

口径とはどの部分か?

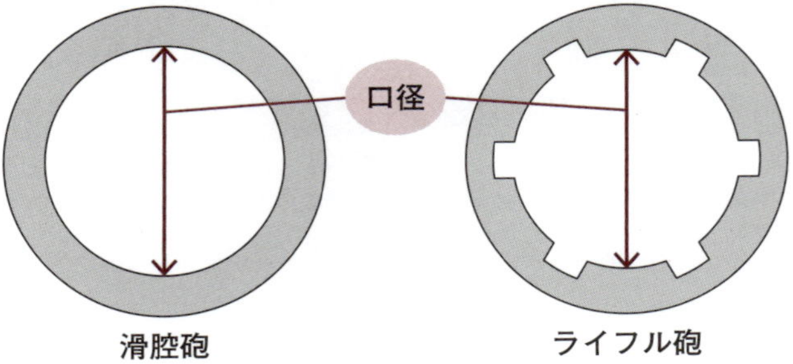

銃と大砲の口径の数え方

●銃 50口径拳銃

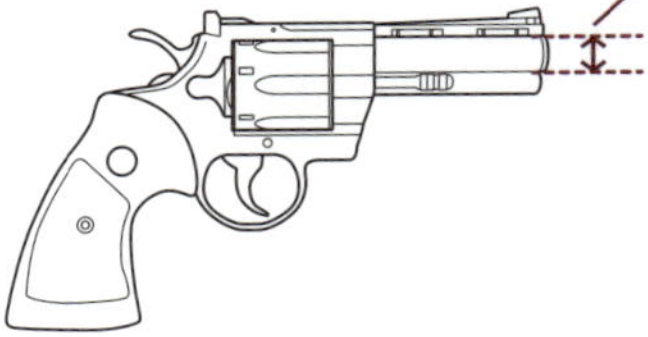

口径 ＝ 50口径

1口径 ＝ $\frac{1}{100}$ インチ

↓

50口径 ＝ 50 × $\frac{1}{100}$ インチ

＝ 0.5インチ

●大砲 62口径5インチ砲

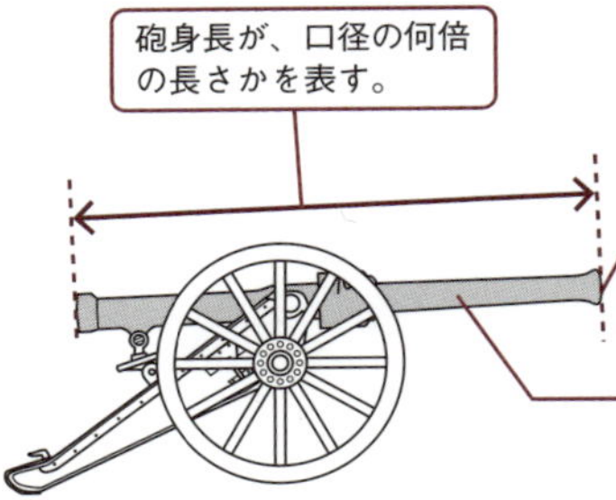

口径 ＝ 5インチ

砲身長 ＝ 5インチ × 62

＝310インチ

関連項目

●大砲の基本的な構造とは？→No.002
●命中率を飛躍的に上げた仕組みとは？→No.009

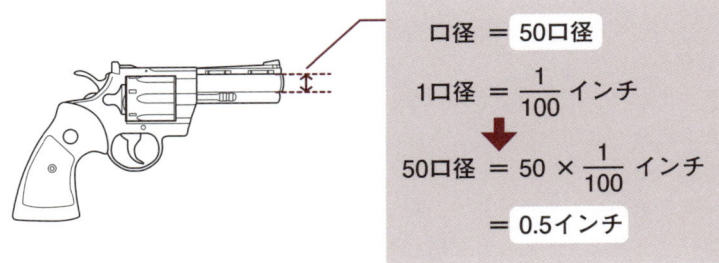

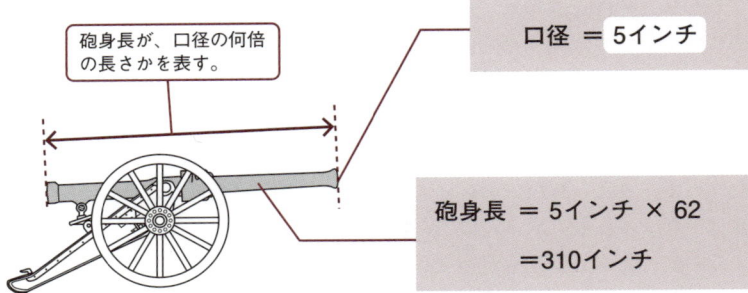

No.004

前装砲はどうやって砲弾を装填するのか？

大砲は19世紀に後装式が主流になるまでは、世界的に前装式が主流だった。砲口から火薬と砲弾を装填する前装式の大砲は、後装式と違って、砲弾の装填には手間がかかった。

●装填の手順

登場初期の大砲は、現代のように砲尾（砲身の後ろの部分）を開放して閉鎖機でふさぐものは少なく、砲尾を開けずに砲口から装填して火をつける前装式の大砲が多かった。

初期の前装砲の装填方法は、火薬を砲口から充填し、そのあとに弾丸を入れた。とはいえ、火薬を詰めるのも、簡単な作業ではない。装填に必要な量をレードルというスプーンのような道具ですくい取り、できるだけ砲身の奥のほうに詰めなければならない。火薬を詰めている最中は、点火口から火薬が飛び出さないように、もうひとりの兵士が点火口をふさぐ役目を担った。

火薬の装填が終わったら、藁や布などで作った詰め物を押し込む。これは、目でチェックしきれなかった微量の火薬を奥に押し込むためのものである。

その後、砲弾を装填して、砲撃の衝撃で大砲自体が後退しているので、てこ棒を使って大砲を元の位置に戻して照準を定めて発射する。

１回砲撃したら、水に浸した海綿で砲身内に残った火薬の燃えカスを取り除き、きれいにしたうえで再び火薬を詰めて弾丸を入れ、発射する。こうした操作を行っていたため、初期の前装砲は連続で砲撃することはできなかった。また、装填のたびに大砲の前に回り込まなければならず、装填兵はそのつど危険に陥ったのである。

その後、薬嚢式の火薬が開発されて火薬の装填にかかる時間は短くなり、さらに薬莢式の火薬の登場によって火薬と砲弾の装填は１回で済むようになり、装填にかかる時間は大幅に短縮されることになった。

砲弾の装填から発射まで（実体弾の場合）

①火薬と砲弾の装填後、てこ棒を使うなどして大砲を元の位置に戻す。

火薬と砲弾（実体弾）を砲口から装填する。
火薬をすくって砲口内に入れるときは「レードル」を使う。

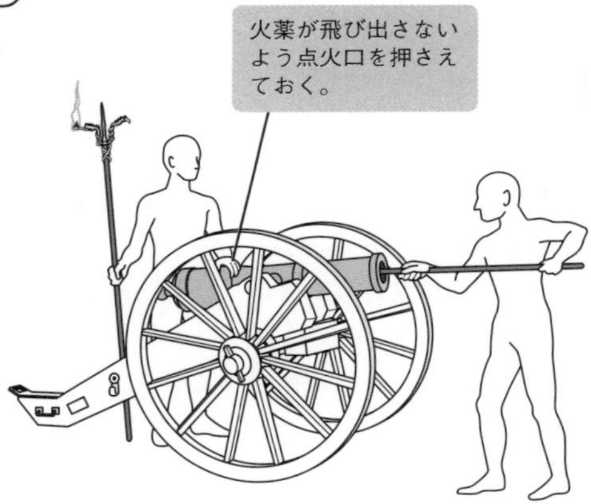
火薬が飛び出さないよう点火口を押さえておく。

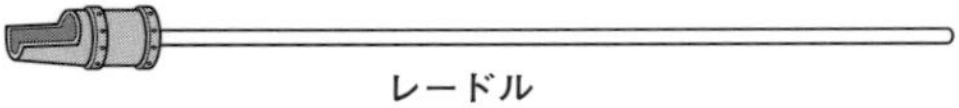
レードル

②点火口から火縄で火をつけて砲弾を発射する。

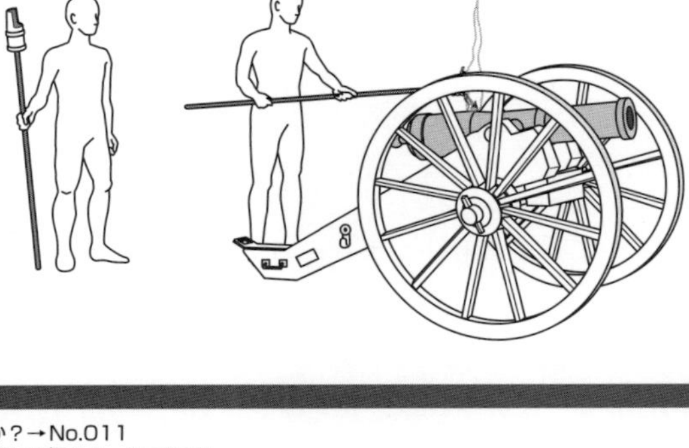

関連項目

●閉鎖機とは何か？→No.011
●薬莢式と薬嚢式とは何か？→No.018

No.005

前装式の点火方法とは？

14世紀に発明された大砲は、19世紀になるまで前装式が主流だった。砲弾や火薬を砲口から入れる前装式の大砲は、砲尾に開けた火門を使って点火していた。

●導火線を使わない方法と、使う方法

大砲は、開発された当初の14～15世紀頃は、砲尾に穴を開けて、そこに火種を持っていって直接、砲身内の火薬に点火するという方法で砲弾を発射させていた。この方法では、砲撃手が直接、点火口に火をつけるので、火縄のような導火線は使われていない。なお、砲尾に開けた穴のことを火門という。

その後、火薬を布などで包んでから装填するようになってからは、火門から「きり」のようなものを刺して、砲身内に装填してある火薬袋に穴を開けて点火する方法に変わった。

火薬袋に穴を開けたあとは、そこに火縄を差し込んで、火縄の先に点火して砲身内の火薬を爆発させた。

この導火線に火をつけて点火する方式は、17世紀を通して大砲の一般的な点火方法として普及した。しかし、発射の際に火種を使う方法だと、火種がほかのものに引火する危険があったほか、雨が降ったときには不発率が格段にはね上がってしまった。

そして、18世紀に入って、火種ではなく火花を使って点火する方法が考案された。

砲尾に火門を開けて、そこから「きり」を突き刺して砲身内の火薬袋に穴を開けるまでの工程は同じである。そのあと、火門に摩擦火管と呼ばれる管を差し込み、引き綱を摩擦火管内のワイヤーに引っ掛ける。そして引き綱を引っ張ると、摩擦によって摩擦火管内のワイヤーから火花が散り、摩擦火管内の装薬に引火して火薬が爆発して砲弾が発射されるという仕組みである。

火縄を使った点火法

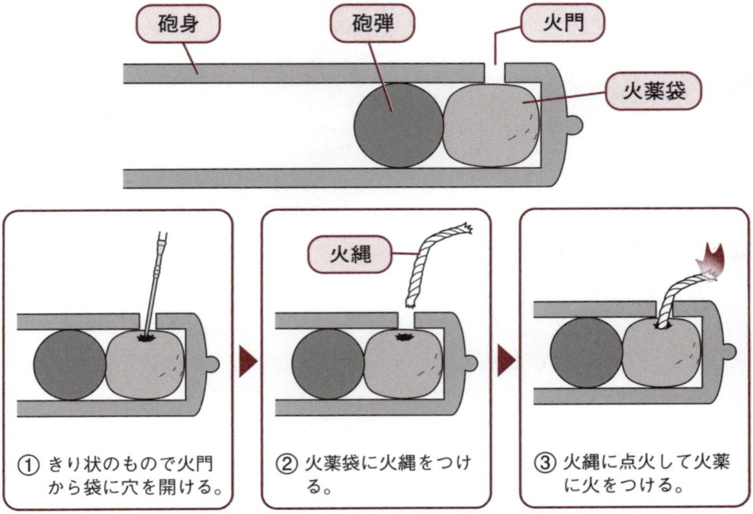
砲身
砲弾
火門
火薬袋
火縄
① きり状のもので火門から袋に穴を開ける。
② 火薬袋に火縄をつける。
③ 火縄に点火して火薬に火をつける。

火縄に点火する方法

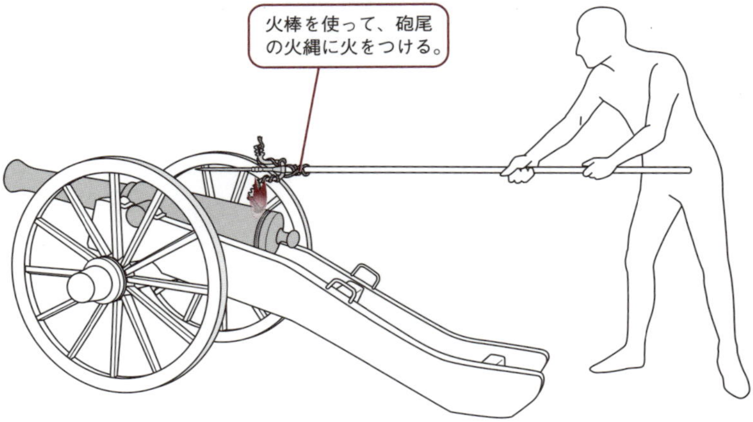
火棒を使って、砲尾の火縄に火をつける。

関連項目

●前装砲はどうやって砲弾を装填するのか？→No.004
●イギリスで開発された「アームストロング砲」とは？→No.045

No.006

前装砲で砲手を守る工夫は？

前装式の大砲に弾薬を装填するには、大砲の砲口側に回り込まなければならなかった。しかし、それでは敵に狙い撃ちされてしまうため、砲手を守るための工夫がなされた。

●砲手が標的にされやすい

初期の前装式の大砲であるボンバードなどの射石砲は、非常に重量があったことから、斜面に設置することは困難で、多くが平地に設置された。射程も短かったため、野戦ではほとんど出番はなく、攻城戦で使われることが多かった。

当時は砲車が開発されていなかったので、大砲は砲身と砲架に分解されて戦場まで運ばれ、その場で組み立てられた。そして、射程距離が短いという理由から、大砲をできるだけ敵陣の近くに設置しなければならなかった。

前装砲の場合、砲手は１回砲撃するたびに、大砲の前に回って砲弾を込めなければならない。弾を込めるといっても、前回の爆発時の燃えカスを掃除し、火薬がこぼれないよう慎重に火薬を装填し、そのあとに砲弾をセットするわけで、一瞬のうちに装填が完了するわけではない。そのため、大砲を使う場合は、なんの対策もとらなければ、無防備となった砲手が標的にされることが多かった。

砲手が狙われる対抗手段として、大きな木製の板を斜めにして大砲を隠したりするなどの方法がとられた。

板の手前側の両隅にロープを取り付け、それを引っ張ることで板を動かして大砲を隠した。そして、砲弾の装填時には板を砲口側に下げて、砲手を守ったのである。この防御板のことを「マントレット」と呼ぶこともあった。

ロープを引っ張る人が２人、指示をする人が１人の、計３人が防御のためには必要だった。

大砲と砲手を防御する

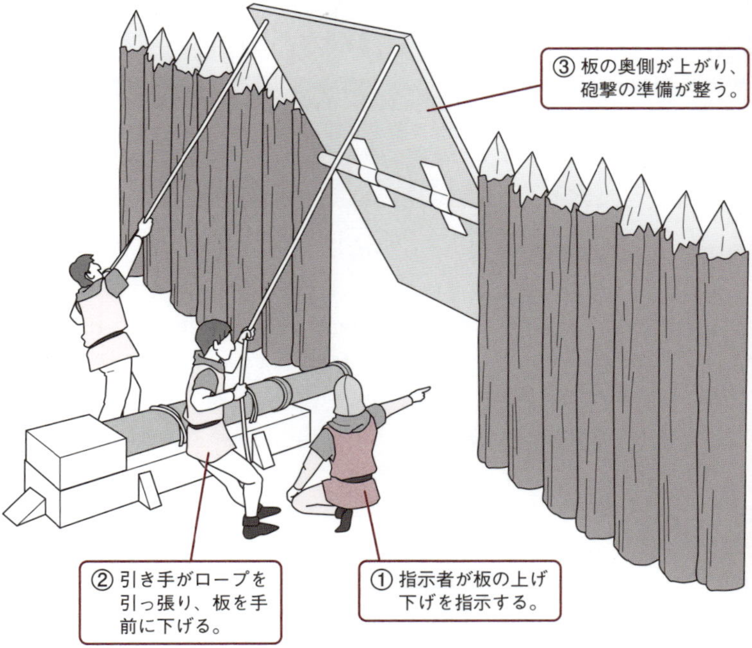
③ 板の奥側が上がり、砲撃の準備が整う。
② 引き手がロープを引っ張り、板を手前に下げる。
① 指示者が板の上げ下げを指示する。

砲手が狙われるワケ

①射程距離が長くなかったので、できるだけ敵陣の近くに大砲を設置しなければならなかった。

②1回砲撃するたびに、弾薬を装填するために前に回り込まなければならなかった。

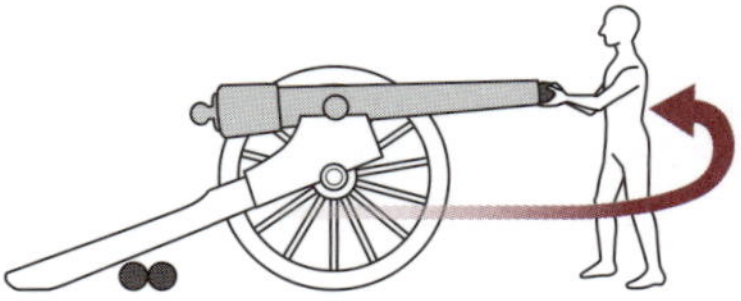

関連項目

●石弾を発射した「ボンバード」とは？→No.024
●後装式が主流にならなかった理由は？→No.007

No.007

後装式が主流にならなかった理由は？

現代の大砲の主流は後装式だが、前装式から後装式への転換までには長い時間がかかった。大砲は14世紀に発明されたが、後装式が主流になるのは19世紀に入ってからである。なぜ、時間がかかったのだろうか。

●砲尾の密封が問題だった

大砲は14世紀前半に発明された当初は、砲口から砲弾を詰めて発射させる「前装式」の大砲が主流だった。前装式の大砲は後装式に比べると、砲弾を装填するのにいちいち砲の前まで回り込まなければならず、戦闘中は狙われやすく非常に危険である。また、前装式は砲口から砲尾まで砲弾を詰めなければならないため、はじめから砲尾に装填できる後装式より発射速度が遅い。こうしたことから、15世紀には後装式の大砲が考案された。

しかし、後装式の大砲はまったく普及せず、実際に大砲が後装式へと変化するのは、大砲が発明された14世紀前半頃から、じつに500年もの時間がかかった。これはひとえに技術的な問題であった。後装式にすると砲尾が開放されることになり、当時の技術では砲弾を発射した際の燃焼ガスを受け止めきれるだけの装置（のちの閉鎖機）を開発しえなかったのである。抗力の弱い閉鎖を行っても、砲身が破裂してしまい、実際に後装式の大砲は砲身破裂がたびたび起こったという。それに対して前装式なら、砲尾を完全に閉鎖した形で製造できたため、安全性では圧倒的に前装式が上だった。

後装式の大砲が主流になったのは19世紀に入ってからで、1820年頃にドイツ地方で、クルップ社が後装式の大口径砲を作り出した。そして1854年、イギリスの発明家・アームストロングが後装砲を実用化させた。アームストロング砲の成功は、砲尾からガスが漏れるのを防ぐための密封手段として垂直鎖栓式の閉鎖機を開発したことが大きかった。

そして1872年にフランス軍の砲兵大佐ド・バンジュが実用的なねじ式閉鎖機を発明し、ここに至って前装砲は、旧式大砲の地位に追いやられたのである。

前装式から後期後装式までの流れ

14世紀前半

前装式の大砲が発明される。

15世紀

後装式の大砲が発明されるが、普及しなかった（前期後装式）。

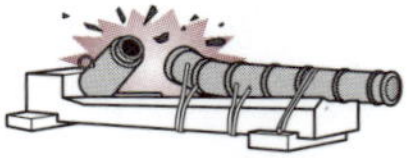

後装式だと砲身が破裂してしまう。

約400年間、後装式の大砲は開発されず、前装式が主流。

1820年頃

クルップ社が新しい後装砲を発明（後期後装式）。

1854年

アームストロングが後装砲の実用化に成功。

前装式のデメリット

デメリット1　戦闘中の装填が危険

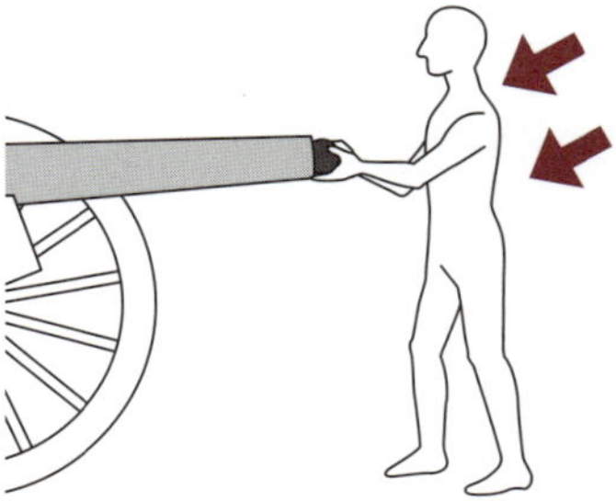

装填のたびに大砲の前に回り込まなければならないため、敵に狙われやすい。

デメリット2　発射速度が遅い

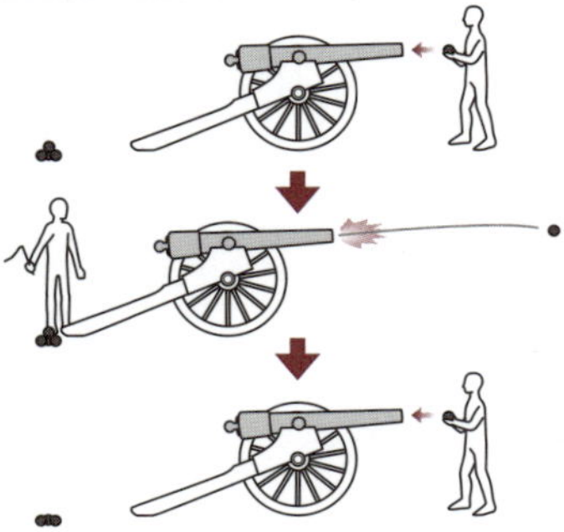

装填に時間がかかるため連続して発射できない。

関連項目

●前装砲で砲手を守る工夫は？→No.006　●閉鎖機とは何か？→No.011
●イギリスで開発された「アームストロング砲」とは？→No.045

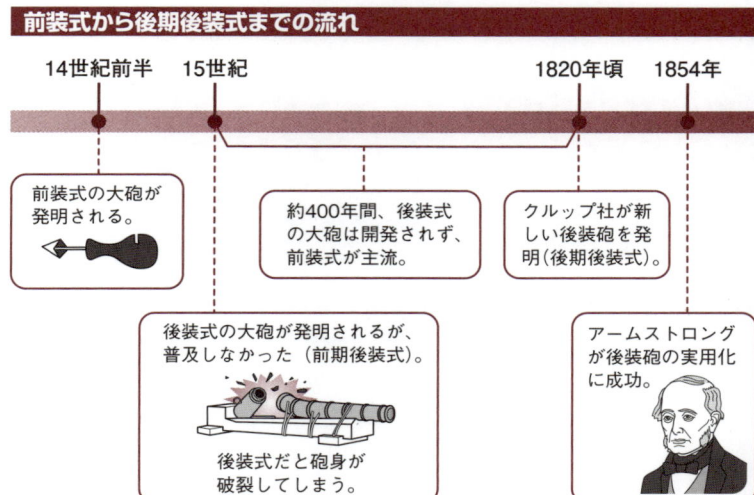

No.008

初期の大砲はどうやって作っていたか？

大砲は当初、すべてが手作りで標準化されておらず、大量生産は無理だったが、どういう形で作っていたのか。また、中世から近世にかけて青銅製の大砲が多かった理由とは？

●鋳鉄技術の未発達と青銅砲の登場

発明当時の大砲は殺傷能力に欠け、運搬方法などが未発達で、おもに攻囲戦でしか活躍できなかったが、新しい兵器として注目を浴び、各国に伝播していった。また、その巨大さや砲撃時の大音量は戦場で圧倒的な存在感があり、敵を威圧する兵器としても各国の関心を買ったのである。1385年にカスティリア王国（のちのスペイン王国）とポルトガルの間で起こったアルジェバロタの戦いでは、カスティリア王国は16門の射石砲を所有していたという。

しかし、当時の大砲は標準化されておらず、すべてが手作りだったため、大量生産することは困難だった。

当初、大砲は何枚かの薄い鉄板同士を接合して円筒形にして、その外側を鉄の輪で締めつけるという製法で作られた。これでは、大量生産はもちろん、砲身の長い大砲を作ることもできなかった。また、大砲ほどの大きさのものを鉄で作るとなると、膨大な火力が必要であり、鋳鉄技術が発達していなかった当時では、その膨大な火力を捻出することができなかった。

そこで使用されたのが、青銅の鋳造技術だった。当時はすでに教会の鐘などを作る際に、青銅を鋳込んで作っており、その製法を大砲に転用したのである。青銅製の大砲は、鉄板を接合しただけのものよりは耐久性があり、砲身も長くできた。

一方、青銅は銅とスズの合金であるが、当時のヨーロッパではスズの産出量が少なく、そのため青銅砲の製作にはコストがかかるというデメリットがあった。

その後は18世紀の産業革命で鋳鉄技術が発展するまで、青銅製が大砲の主流となった。

初期の大砲の作り方

①薄い鉄板を大量に用意する。

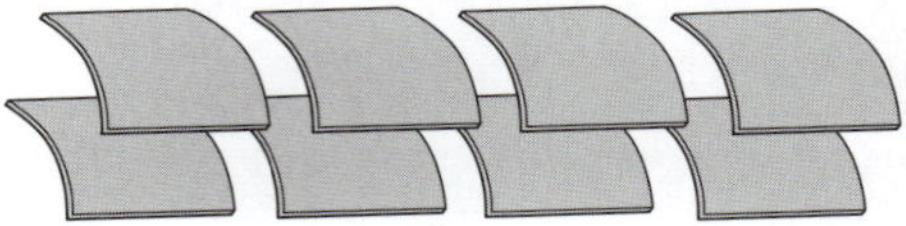

②鉄板を接合して円筒形にする。

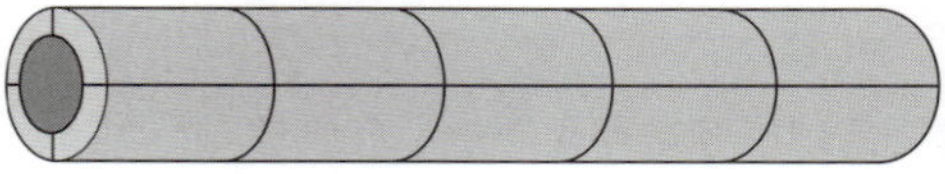

③円筒形にした砲身の外側を鉄の輪で締めつける。

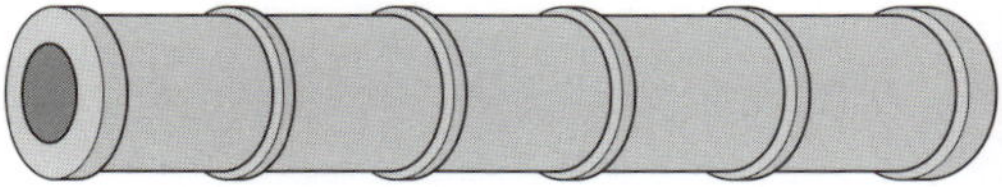

なぜ鉄ではなく青銅だったのか

大砲ほどの大きなものを鉄で作るとなると、膨大な火力が必要となる。

当時の技術力ではそれをまかなうだけの火力を捻出できなかった。

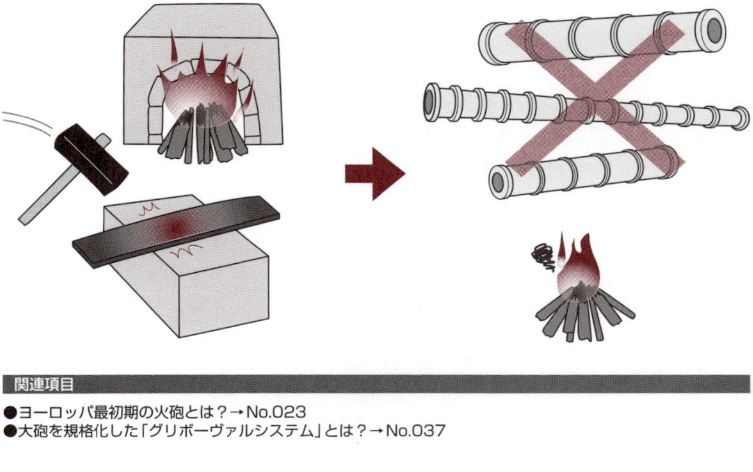

関連項目

●ヨーロッパ最初期の火砲とは？→No.023
●大砲を規格化した「グリボーヴァルシステム」とは？→No.037

No.009

命中率を飛躍的に上げた仕組みとは？

砲身内に彫られたらせん状の溝を「ライフリング」といい、ライフリングが施された大砲を「ライフル砲」という。ライフリングを施すことで、どのような利点があるのだろうか。

●砲弾に回転を与えるという発想

大砲は発明以来、砲身の内側（砲腔）は平面で、砲身は単純な筒状だった。こうした構造の大砲を滑腔砲といい、中世を通して使われた大砲のほとんどが滑腔砲で、近世に入った産業革命以後もそれは変わらなかった。

それが19世紀に入って、砲腔にらせん状の溝を彫り、その溝に沿わせることで砲弾に回転を与えて発射できるように改良された。らせん状の溝をライフリングといい、こうした構造をもつ大砲をライフル砲という。

ある物体に回転を与えるとその姿勢や運動が安定する原理を、ジャイロ効果という。回転させた砲弾は、回転していない砲弾よりも、ジャイロ効果によって弾道が安定するため、命中精度は向上した。

砲弾に回転を与えれば弾道が安定すること、そのためには砲身の内側に溝を彫ればいいといったことは、以前から人々は経験的に知っていた。実際、銃の世界ではすでにライフル銃が使われていたし、1542年にイングランドで作られたウーリッジ大砲は、６本のライフルが彫られていた。16世紀末には、ドイツでもライフル式の大砲が作られたという記録もある。

しかし、こうした技術は、中世から1700年代に至るまで発展も普及もしなかった。砲身内部にらせん状の溝を彫り、その溝にぴったりはまる砲弾を大量生産するのが、技術的に難しかったからである。また、そうした砲弾を作っても、当時主流だった前装砲では、砲口から砲身内のらせんに沿わせる形で砲弾を装填するのに時間がかかったため実用的ではなかった。

そして1846年、ようやくイタリアでライフル式の後装砲・キャベッリ砲が実用化された。その後は続々とライフル砲が開発されるようになり、1861年に南北戦争が勃発したときには、両軍合わせて５種100門以上のライフル砲が使用された。

滑腔砲とライフル砲の違い

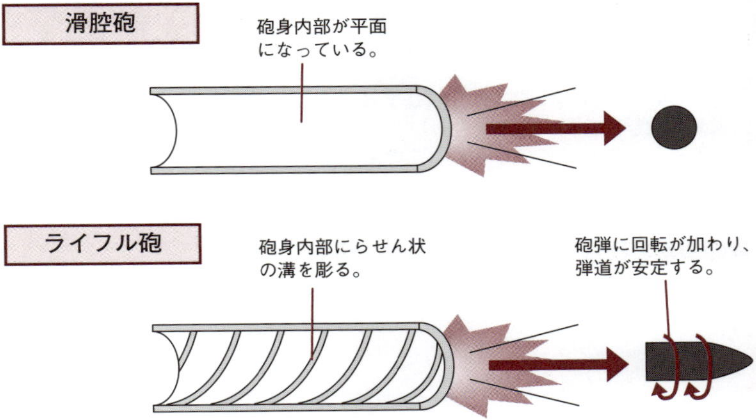

ライフル砲が採用されるまでの歴史

- **1542年**　イングランドで6本のらせん状の溝が刻まれたウーリッジ大砲が作られる。
- **16世紀末**　ドイツでライフル式の大砲が製作される。
- 大砲の主流が前装式だったため、砲口からの装填が難しいライフル砲は普及しなかった。
- **1846年**　イタリアで2本のらせん状の溝が刻まれたキャベッリ砲が作られる。

関連項目

●後装式が主流にならなかった理由は？→No.007
●アメリカで作られた「パロット砲」とは？→No.043

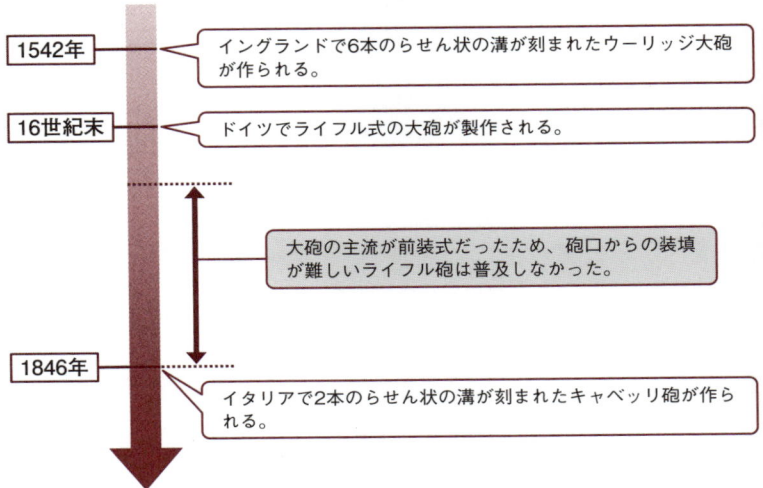

No.010

発射時の反動はどう吸収する?

大砲で砲撃すると、砲身が後退してしまうほどの衝撃を受ける。近世まで解消することができなかった、この問題をクリアしたのが「駐退復座機」と呼ばれる機構だった。

●砲撃時の衝撃による大砲の後退を防ぐ

大砲には当初から、砲撃の衝撃で砲全体が後退してしまうという問題があった。砲撃のたびに後退すると、次の砲撃のためには砲を元の位置に戻して、再び照準を合わせる必要があった。元の位置に戻さないと、最適な射程距離を保つことができなかったからだ。この課題は、中世・近世を通じて解消されなかった。1840年代になって、ようやくバネ式の装置を用いて砲全体を動かさず砲身だけを後退させる方法が考え出され、その装置を「駐退機」と呼んだ。また、後退した砲身を元に戻すための装置を「復座機」と呼んだ。そして1897年、フランスが世界ではじめて駐退機と復座機を搭載した大砲の開発に成功した。フランスが開発したのは、液気圧式駐退復座機と呼ばれる。以降、駐退機と復座機はセットで開発されるようになり、「駐退復座機」といわれるようになった。

駐退復座機は上部に駐退機、下部に復座機があり、砲尾に設置された。砲身と砲架は、駐退復座機を介してつながっている。

駐退機には油が入っていて、漏孔といわれる管で下部の復座機とつながっている。復座機の中には圧搾ガスが入っていて、上部から漏れてくる油と圧搾ガスの間をピストン(浮動ピストンという)が仕切っている。

砲撃後、砲身が後退すると、砲尾に取り付けられたピストン・ロッドという棒が、駐退機内の油を押し下げて、油は下にある復座機の中に流れ出す。すると、空っぽだった復座機の中に油が流れ込み、その圧力で浮動ピストンが押されガスを圧縮する。この一連の作用によって、砲撃時の衝撃を吸収し、砲身が後方へ動く力を相殺するのである。

こうして反動を吸収すると、復座機内のガスは元に戻ろうと膨張して油を駐退機に押し戻し、砲身は砲撃前の位置まで戻る。

駐退復座機

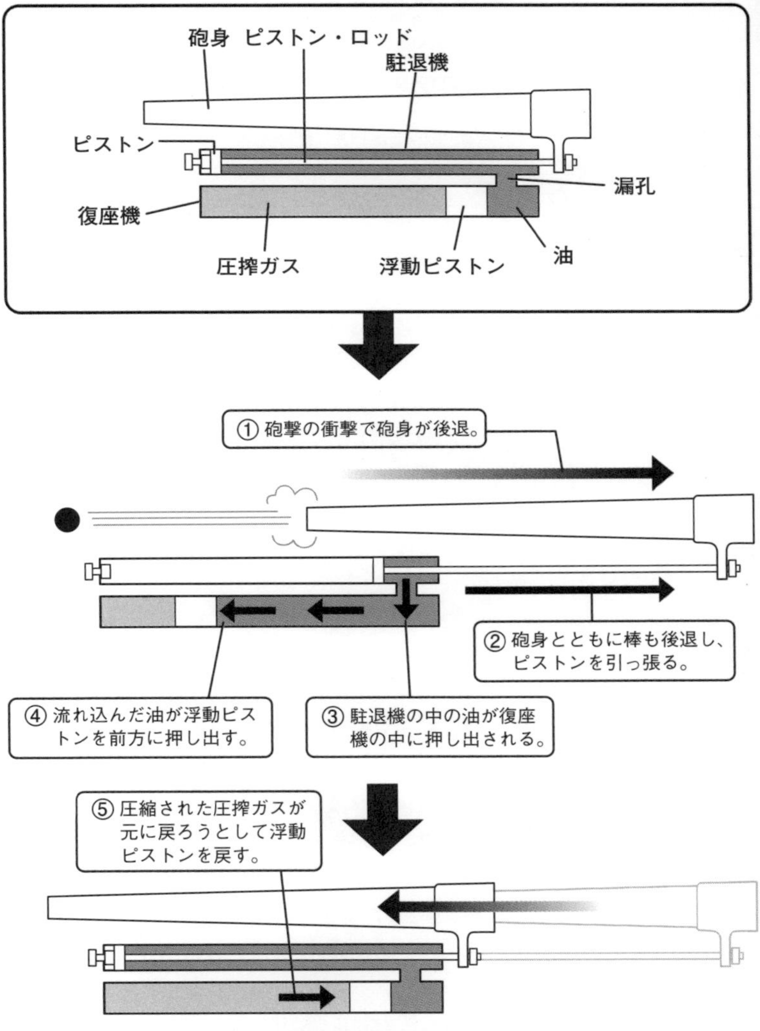
砲身
ピストン・ロッド
駐退機
ピストン
漏孔
復座機
圧搾ガス
浮動ピストン
油
① 砲撃の衝撃で砲身が後退。
② 砲身とともに棒も後退し、ピストンを引っ張る。
④ 流れ込んだ油が浮動ピストンを前方に押し出す。
③ 駐退機の中の油が復座機の中に押し出される。
⑤ 圧縮された圧搾ガスが元に戻ろうとして浮動ピストンを戻す。

関連項目

●大砲の基本的な構造とは？→No.002
●砲撃時の反動を無力化した「無反動砲」とは？→No.061

No.011

閉鎖機とは何か？

前装式よりも威力の高い後装式が、なかなか普及しなかったのは、砲尾を密封するだけの技術力が発展しなかったからだが、それを可能にしたのが「閉鎖機」という装置だった。

●ガス漏れという問題点を解決した大発明

後装式の大砲の場合、砲弾を装填するために砲尾が開いているので、そのままでは砲弾が発射された際に、そこから高温・高圧の燃焼ガスが吹き出してしまう。

これが後装砲の大きな問題点だったが、「閉鎖機」という装置が19世紀に開発されたことで、この問題点は解決された。

閉鎖機には、大きく分けて「鎖栓式」と「ねじ式」の２種類がある。

鎖栓式は、薬莢を栓で支える構造のもので、砲弾を装填する際に、鎖栓を横か下にずらして砲尾を開けて装填する。装填が終わったら、鎖栓を元に戻して密封する。

ねじ式は、ねじ状に作られたふた状のもので砲尾を密封するものだ。砲弾を装填するときは、ねじ状のふたを回転させてふたを取り、装填後にねじを回して再びふたをする。

ねじ式の閉鎖機には、ドバンジュ式緊塞方式と呼ばれる閉鎖機構を併用するのが一般的だ。

ドバンジュ式緊塞方式とは、遊頭と呼ばれるきのこ型の部品をもった大きなねじで砲尾を密封する方式だ。このきのこ型の部品（遊頭）をねじ式閉鎖機に設置して使う。

遊頭は砲身内に密着するように設計されていて、遊頭の笠にあたる部分と閉鎖機の間に、緊塞環と呼ばれる石綿製の詰め物などの可塑性の物質がある。

砲撃の際に発生した燃焼ガスの圧力で遊頭が押し戻されると、遊頭と閉鎖機の間にある緊塞環が圧縮され、押しつぶされた緊塞環が砲尾を密封するという仕組みである。

鎖栓式閉鎖機

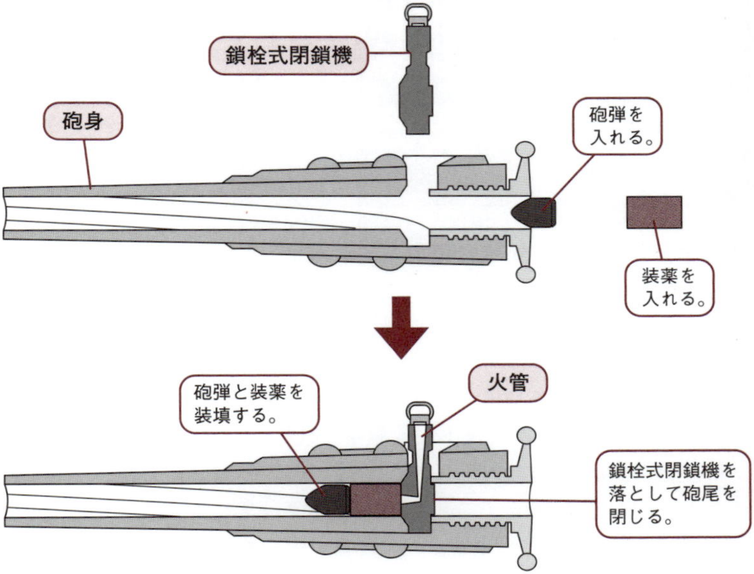
鎖栓式閉鎖機
砲身
砲弾を入れる。
装薬を入れる。
砲弾と装薬を装填する。
火管
鎖栓式閉鎖機を落として砲尾を閉じる。

ねじ式閉鎖機

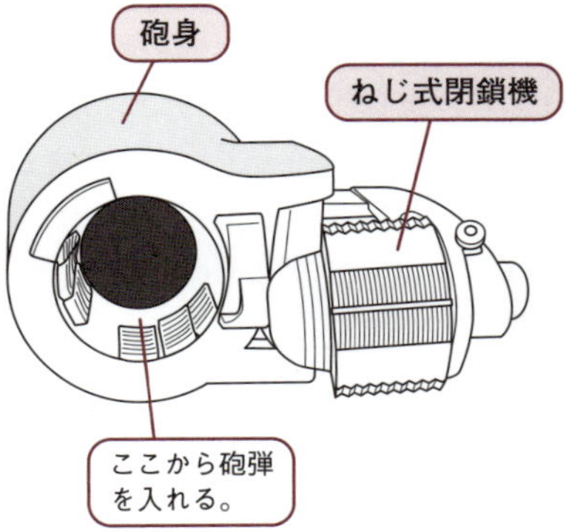
砲身
ねじ式閉鎖機
ここから砲弾を入れる。

▼断面略図

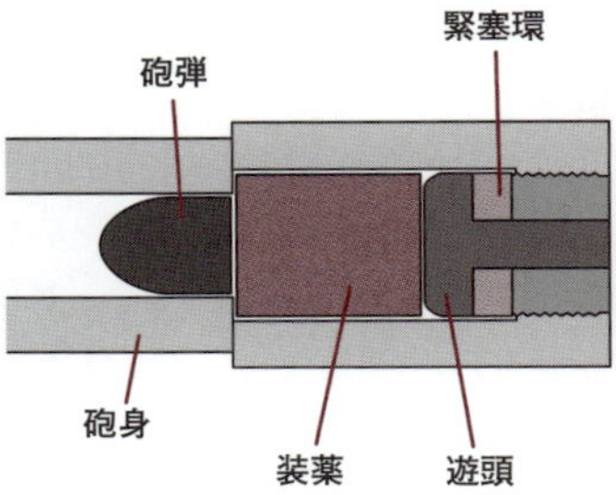
緊塞環
砲弾
砲身
装薬
遊頭

関連項目

●後装式が主流にならなかった理由は？→No.007
●イギリスで開発された「アームストロング砲」とは？→No.045

No.012

大砲運搬用の画期的な発明とは？

大砲は非常に重たく、人力での運搬は困難である。そのため車輪をつけた台車や動物の力を借りて運んだが、大砲の運搬を容易にするための開発も続けられた。そして開発されたのが「前車」であった。

●車輪つきの砲架と前車の発明

攻城戦での有効性が認識されるようになった大砲は、15世紀に入るとさらなる威力を求めて大型化し、大砲は非常に重い兵器となり、その運搬には困難がともなった。

初期の大砲は、車輪つきの砲架がまだ発明されていなかったため、砲身と砲架を分解して運んだ。そして、砲身と砲架それぞれを馬や牛の背にくくりつけて運んだり、何人かが抱えたり、あるいは荷車のようなものに載せたりして曳行して戦場まで運んだのである。

15世紀後半になると、車輪つきの砲架が開発された。砲架は大砲専用の２輪の運搬具で、運搬を容易にするとともに、車輪のついていない大砲より砲口の転換が簡単になり、照準を定めやすくなった。

そして、16世紀になって前車が発明された。前車とは、２輪砲架の補助輪として使われたもので、砲架を載せる２輪の台車である。前車に砲架を載せて、あるいは前車に引っ掛けて馬などに引かせた。初期の前車は、砲架を載せてけん引するだけの原始的なものだったが、それでも大砲史にとっては画期的なものだった。

前車の発明は大砲の運搬を少なからず容易にし、大砲が野戦で使われるきっかけとなった。その後、前車は改良を加えられ、兵士を載せられるようなものも開発され、また19世紀になると弾薬箱が設置され、砲弾や火薬、大砲を操作するために必要な道具一式を一緒に運べるようなものも登場した。

ただ、前車でも、馬などの動物にけん引させて大砲を運ぶ方法は使われ続けた。そして、20世紀に入ると自動車にけん引させることもあった。

初期の原始的な前車

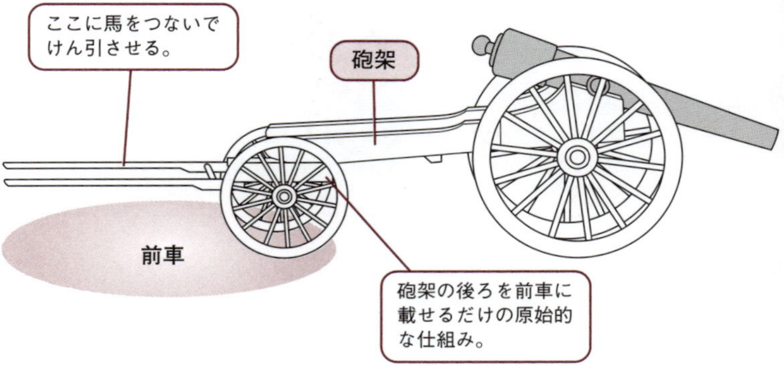
ここに馬をつないでけん引させる。
砲架
前車
砲架の後ろを前車に載せるだけの原始的な仕組み。

弾薬を運べるようになった前車

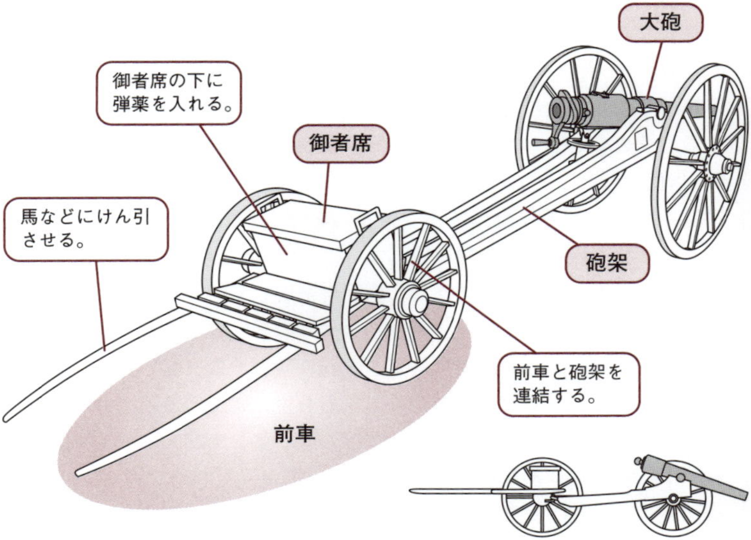
大砲
御者席の下に弾薬を入れる。
御者席
馬などにけん引させる。
砲架
前車と砲架を連結する。
前車

関連項目

●ヨーロッパ最初期の火砲とは？→No.023
●石弾を発射した「ボンバード」とは？→No.024

No.013

大砲には寿命があった？

大砲は永久に使えるものではなく、基本的には使い捨ての兵器だった。大砲の寿命を「砲身命数」というが、実際に何発くらい発射すると使えなくなったのだろうか？

●大砲は使い捨てが基本の兵器

大砲は火薬を爆発させて、そのときに生じた火薬ガスを推進力にして砲弾を発射する。その際のガスの力は激しく、砲撃の反動で重い砲身を後退させるほどの威力をもつ。前装砲が主流の時代には、しっかり固定しておかないと砲撃の反動で砲身が転がってしまうこともあった。

砲身は、こうした激しい衝撃を発射のたびに吸収しており、そのつど砲身内は傷ついていく。つまり、砲身は寿命がある消耗品であり、いずれ交換が必要となるのである。この砲身の寿命のことを「砲身命数」という。

砲身命数は、砲身の長さや口径の大きさ、各国の事情や時代などによって変わってくる。たとえば、青銅で鋳造していた頃の初期の大砲の砲身命数は数十発といわれ、18世紀後半の鉄で鋳造された滑腔砲の砲身命数は100発以上に延びたといわれている。

19世紀に入ってライフル砲が主流になると、砲身内に刻まれたライフリングの摩耗の度合いが砲身命数となった。大砲は、燃焼ガスのエネルギーを最大限に使用するために、砲身と砲弾が密着している。そのため、砲撃のたびに、砲身内に刻まれたライフリングが摩耗してしまう。そうなると、砲身と砲弾の間にすき間が生じ、ガスが漏れやすくなってしまい、砲弾の速度が落ちる。しかも砲弾にかかる回転力も変わってくるので命中率も下がる。たとえば日本海軍では、砲身命数を12センチ級で600発、15センチ級で350発、30センチ級で200発としていた。

砲身命数が尽きた砲身は新しいものに交換するのが基本だが、砲身の内管だけを取り替える方法もあった。これは、薄く作った交換用の内管を砲身に装入するもので、新しい内管は燃焼ガスの圧力を受けると外管に圧着されるようになっていた。

なぜ砲身を交換するのか?

・砲弾は砲身と密着している。

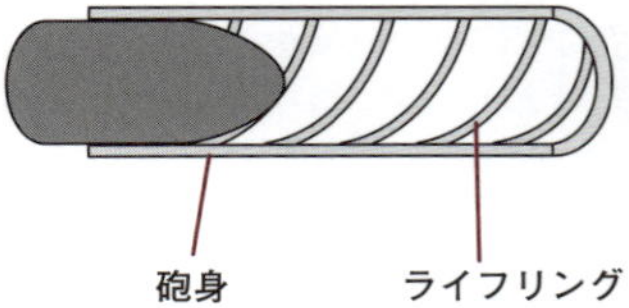
砲身
ライフリング

・発射のたびに砲弾と砲身がこすれて、ライフリングが摩耗する。

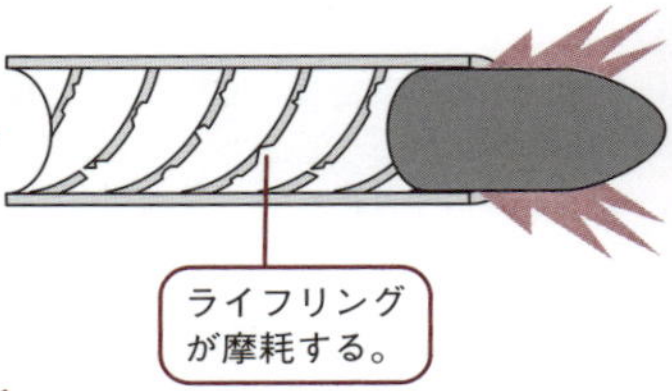
ライフリングが摩耗する。

・ライフリングが摩耗すると、砲弾との間にすき間ができ、ガスが漏れ、回転数も変わる。

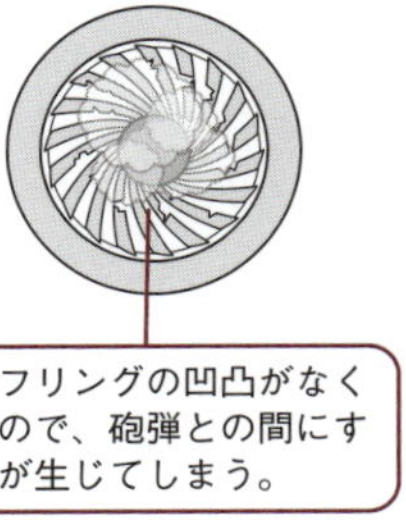
ライフリングの凹凸がなくなるので、砲弾との間にすき間が生じてしまう。

・大砲の威力が落ちる。

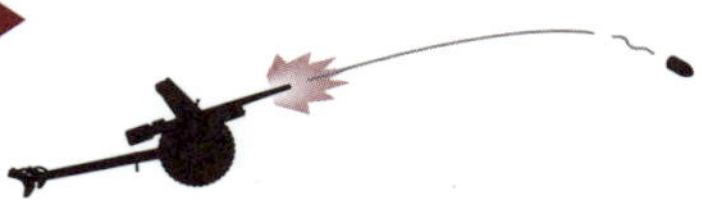

日本海軍の砲身命数

口径12センチ級
600発
口径15センチ級
350発
口径30センチ級
200発

関連項目

●発射時の反動はどう吸収する？→No.010
●命中率を飛躍的に上げた仕組みとは？→No.009

No.014

実体弾と榴弾の違いとは？

大砲ではさまざまな砲弾が使われるが、代表的な砲弾が「実体弾」と「榴弾（炸裂弾）」である。それぞれ、どのような威力をもったものなのかを紹介していこう。

●火薬を入れない実体弾と、火薬で爆発させる榴弾

大砲で使われる砲弾には、さまざまな種類がある。ここでは実体弾・榴弾（炸裂弾）について解説していく。

実体弾とは、中に火薬を入れていない砲弾で、鉄製なら鉄の塊、銅製なら銅の塊で、大砲の発明当初はもっぱら石弾が使われた。石弾、鉄弾ともにたいていは球形弾で、衝撃力によって標的を破壊する。

実体弾は、カノン砲など弾道が低い大砲でおもに使われ、城壁や艦船を攻撃するときに威力を発揮した。24ポンド（約10.9キログラム）実体弾を90メートル先の対象物に発射すると、厚さ1.4メートルの樫の板を貫通したという。

球形実体弾を変形させたものとして、バーショット弾とチェーン・ショット弾がある。どちらも、2個の実体弾をつないだもので、一度に発射する。装填するまではコンパクトに収まっているが、砲撃後に広がって飛んでいく砲弾である。

榴弾は炸裂弾ともいい、内部が空洞になっていて、そこに炸薬が充填され、発火装置である信管が取り付けられている。当初の榴弾には信管はなく、着弾の衝撃で爆発するものが多く使われた。その後、着弾後に遅れて爆発するもの、砲弾が着弾する前に弾殻を破裂させて、その破片で攻撃するものなど、数種類の榴弾が開発された。最初の榴弾は1376年にベニスで開発されたとされるが、13世紀後半に日本に攻めてきた元軍が使った「てつはう」という兵器は、榴弾とよく似ている。

中近世の榴弾は弾道の高い臼砲に使われることが多く、カノン砲など弾道の低い大砲に使われるようになったのは、19世紀になってからだった。

実体弾

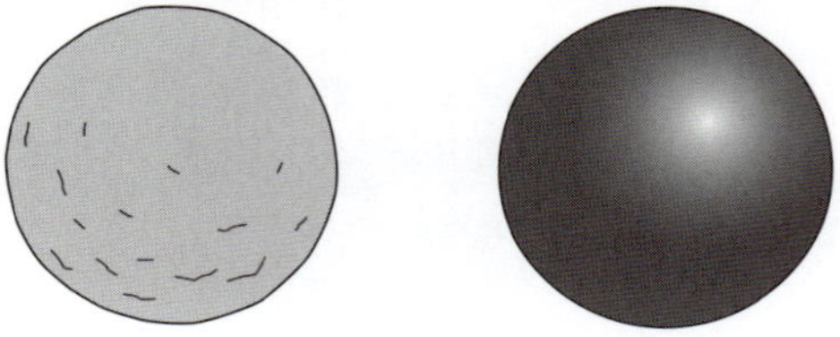

石弾
石を球状にした砲弾。

鉄弾
鉄を球状にした砲弾。

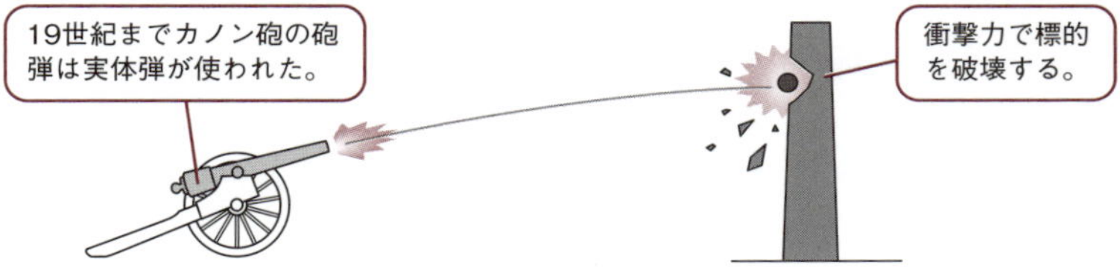
19世紀までカノン砲の砲弾は実体弾が使われた。
衝撃力で標的を破壊する。

榴弾（時限信管）

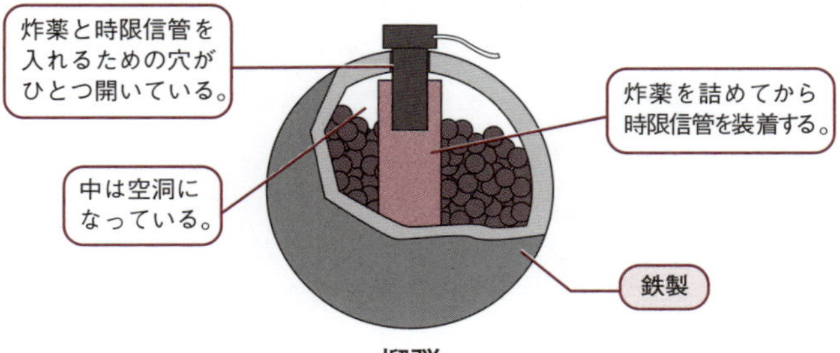
炸薬と時限信管を入れるための穴がひとつ開いている。
炸薬を詰めてから時限信管を装着する。
中は空洞になっている。
鉄製

榴弾

着弾する前に爆発して、鉄の破片で敵を攻撃する。

関連項目
●榴弾砲とは？→No.035　●攻城戦に活躍した「臼砲」とは？→No.030
●日本軍を苦しめた火力兵器「てつはう」とは？→No.093

No.015

榴散弾と焼夷弾とは何か？

砲弾には、実体弾と榴弾以外にも榴散弾・焼夷弾という種類のものもある。榴散弾とは、弾内の金属破片を飛散させる砲弾で、焼夷弾とは高温の炎によって周囲を焼き尽くす砲弾のことである。

●鉛弾を飛散させる榴散弾と炎を吹き出す焼夷弾

榴散弾とは、砲弾の内部に多数の鉛製の弾などを詰め込み、爆発と同時にその弾が飛び散る仕組みになっている砲弾である。内部の弾が霰《あられ》のように飛散することから、別名を霰弾ともいう。仕組み的には榴弾と同じだが、榴弾が弾体を破片化して攻撃するのに対し、榴散弾は内部の弾を飛散させて攻撃するという違いがある。

榴散弾がはじめて使われたのは、1453年のオスマン帝国と東ローマ帝国との戦いであるコンスタンティノープルの戦いだといわれている。これは、ケース弾あるいはキャニスター弾と呼ばれる砲弾で、金属製のケースに鉄くずや金属片、鉛玉などを詰めたものである。これには信管がついていなかったため、着弾したときの衝撃で破裂させて敵にダメージを与えたが、不発になることも多かった。

1784年、缶状のケースから球形の鉄弾に変わり、より遠距離に砲撃することができる「シュラップネル弾」が開発された。この砲弾はケース弾などとは違い時限信管が利用されたため、着弾しなくても破裂させることができ、標的の上空で破裂させることができた。

その後、砲弾が尖頭形となってライフル砲が開発されると、安定した弾道を得られるようになり、榴散弾の実用性が高まった。第一次世界大戦（1914～1918年）では、榴散弾が大量に使用されたことで知られる。

焼夷弾は発火燃焼性の高い火薬が詰められたもので、高温の炎をまき散らして周囲に火をつける砲弾である。そのはじまりは1672年に登場したカーカス弾である。これは砲弾の中にコールタールなどの燃焼剤と時限信管を詰めた鉄製弾で、信管により点火され、３～５個の穴から炎が吹き出し、８分間ほど燃え続けて周辺を焼いた。

榴散弾と焼夷弾

キャニスター弾

金属製の容器。
鉛玉や金属片を詰める。

着弾の衝撃で破裂し、鉛玉や金属片をまき散らす。

シュラップネル弾（初期の榴散弾）

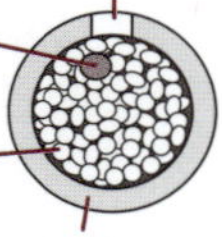
信管
火薬
鉛玉
鉄製

後期の榴散弾

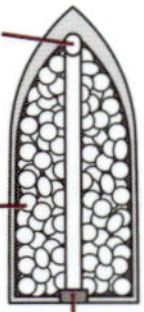
信管
鉛玉
火薬

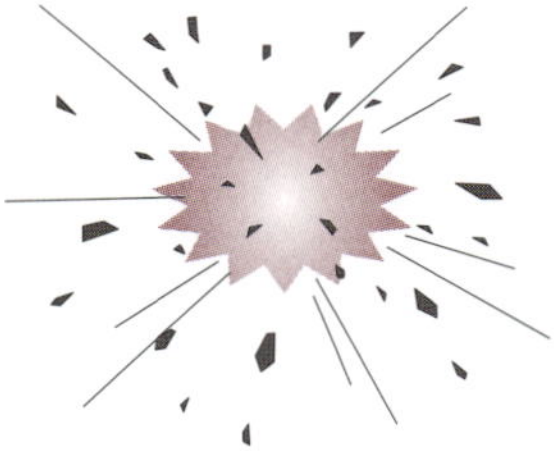
触発信管は命中時の衝撃で信管が作動し、火薬を爆発させて鉛玉をまき散らす。時限信管なら、標的の上空で破裂させることも可能。

カーカス弾（初期の焼夷弾）

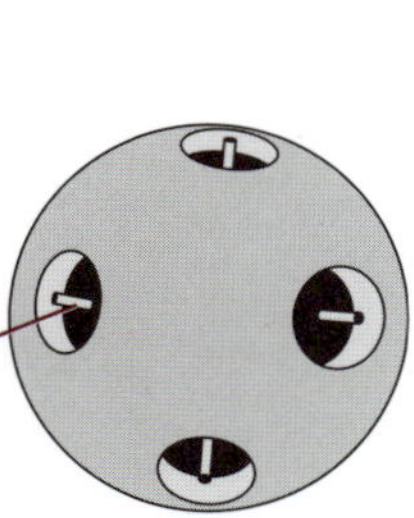
3～ 5個の穴が開いており、そこから炎が噴き出す。

転がりながら炎を噴き出し、あたりに火をつける。

関連項目

●実体弾と榴弾の違いとは？→No.014
●艦載砲ではどんな砲弾が使われたのか？→No.066

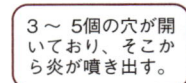

No.016

鉄球弾を赤熱させた砲弾とは？

一種の焼夷弾といえる「ホットショット」と呼ばれる砲弾があった。これは鉄球を赤く灼熱させた砲弾だが、どのように作り、どのように砲撃し、その威力はどれほどだったのだろうか。

●船や建物を燃やした赤熱の実体弾

19世紀に信管が発明されて、ある程度タイミングを図って砲弾を爆発させることができるようになったが、信管が登場するまでは、火薬を任意のときに爆発させることは難しく、そのため砲弾は実体弾が多く使われた。

その実体弾のなかには、衝撃力だけでなく焼夷力をもったものもあった。それが、「ホットショット」という鉄球を赤熱させた砲弾である。ホットショットは、専用の炉で熱された砲弾で、その熱によって火災を起こさせた、一種の焼夷弾である。

ホットショットを装填する際には、十分な注意が必要だった。普通の砲弾のように、発射薬を詰めて砲弾を装填すると、赤く熱された砲弾と発射薬が反応して発射薬が爆発してしまうからだ。

そこで、発射薬は丈夫な羊皮袋に包み、袋が破れないように砲身内に押し込む。それから乾いたスポンジや布を入れ、粘土などを詰めて発射薬と砲弾を遮断した。そして、そのあとに砲弾を装填した。

ホットショットが兵舎や建造物に命中すると、その熱によって木製の床などは焦げ、やがて発火する。もちろん、ホットショットを撃ち込まれた側は、すぐにその砲弾を水で冷やそうとするが、赤熱した鉄の塊を冷やすことは容易ではない。

こうした特徴から、ホットショットはとくに対艦砲撃用に使われた。海上の艦船めがけて発射されたホットショットが上甲板を貫いて中甲板や下甲板に転がれば、熱くて重い砲弾を船外に捨てることもできず、やがてその艦船はホットショットの熱によって燃え上がった。

ホットショットの装填

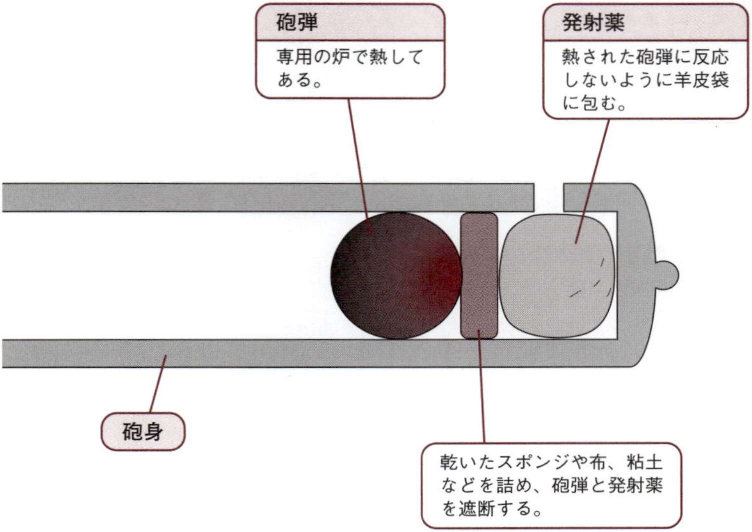
砲弾
専用の炉で熱してある。
発射薬
熱された砲弾に反応しないように羊皮袋に包む。
砲身
乾いたスポンジや布、粘土などを詰め、砲弾と発射薬を遮断する。

ホットショットの破壊力

①木製の床を焦がし、やがて発火する。

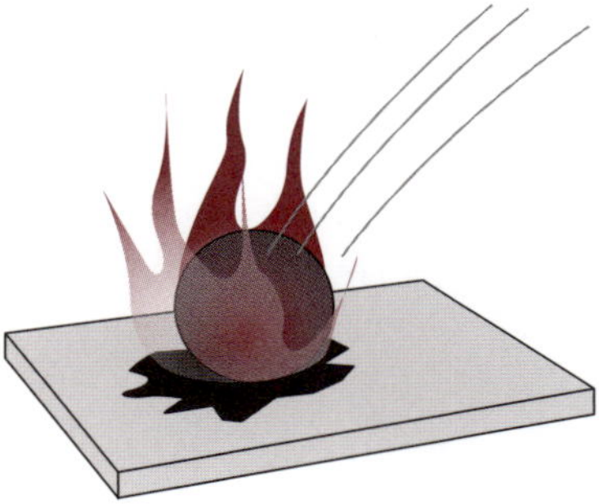

②赤熱した砲弾を水で冷ますのは難しい。

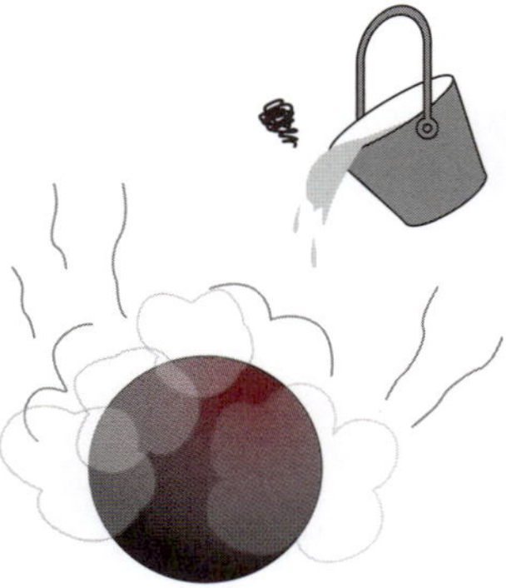

関連項目

●実体弾と榴弾の違いとは？→No.014
●「艦載砲」の登場は海上戦をどう変えた？→No.064

No.017

装甲を貫く砲弾とは？

大砲の発展に比例するように、防御側も発展し、砲撃に対抗する鋼鉄製の装甲戦車などが登場する。この装甲を貫くために発明された「HEAT弾」とはどのような砲弾だったのだろうか。

●対戦車砲で使われた強力な砲弾

実体弾や炸裂弾が運動エネルギー弾といわれるのに対し、化学エネルギー弾という砲弾がある。その代表が、20世紀に入って開発された「HEAT弾」（成形炸薬弾、指向性砲弾）と呼ばれるものだ。

HEAT弾は、戦車の装甲を貫通するために開発された砲弾で、おもに対戦車用の大砲で使われる。

中空の弾体に炸薬を詰めたもので、その際に進行方向の表面にV字形のへこみを作る。そして、そのへこみにライナーと呼ばれる銅合金で作った金属板を装着する。このライナーが敵の装甲を打ち破る原動力となるのである。

HEAT弾が目標物に接触すると、先端の信管が作動して底部の火管を動かして、炸薬に点火、爆発する。爆発した炸薬は高温と高圧をともなうエネルギーとなり、弾体を破壊して、炸薬の前部に装着されていたライナーを溶かす。

このとき、V字形になっているライナーは中心部から溶け出して流体金属となり（これをメタル・ジェットという）、勢いよく前方へ飛び出していく。このときのメタル・ジェットの速度は、秒速7000メートルという高速を誇り、目標物の装甲を貫通する。そして約3000度という高温を保ったメタル・ジェットが爆風とともに装甲内に入り込み、内部を灼熱化するのである。

HEAT弾は距離が近かろうが遠かろうが、標的まで達しさえすれば有効に作用する砲弾で、厚さ30センチメートルの装甲板をも貫通するほどの威力をもっていた。

HEAT弾（成形炸薬弾）の構造

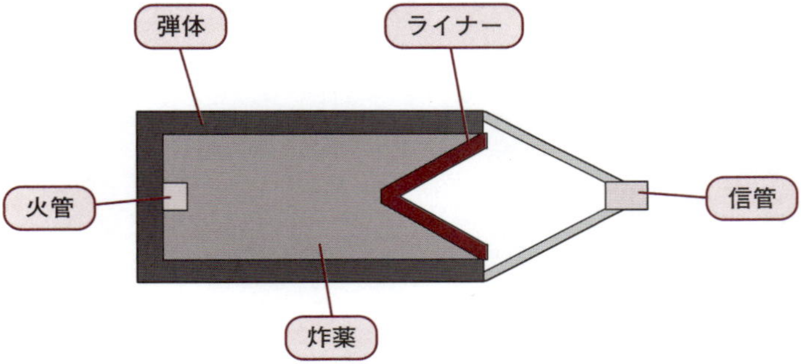
弾体
ライナー
火管
信管
炸薬

HEAT弾（成形炸薬弾）の爆発

①目標物に接触すると信管が作動して火管に点火する。

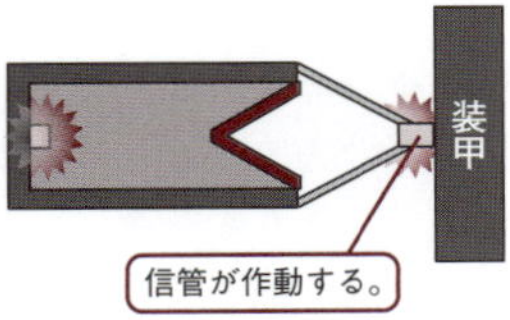
装甲
信管が作動する。

②炸薬が爆発してライナーが流体金属になり、前方に飛び出す。

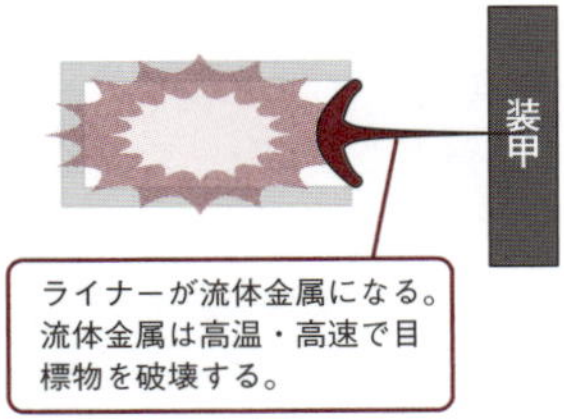
装甲
ライナーが流体金属になる。流体金属は高温・高速で目標物を破壊する。

③高速の流体金属が装甲を貫き、爆風とともに装甲内に入り込む。

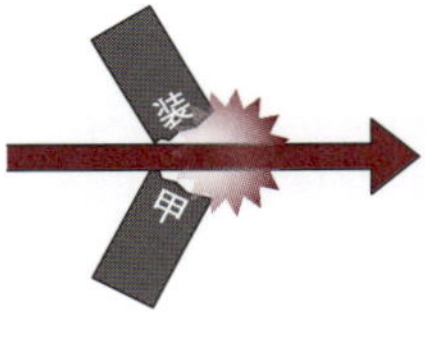
装
甲

関連項目

●実体弾と榴弾の違いとは？→No.014
●榴散弾と焼夷弾とは何か？→No.015

No.018

薬莢式と薬嚢式とは何か？

大砲に使われる弾薬は、基本的には「薬莢式」と「薬嚢式」のふたつに分けられる。薬莢式は金属製の容器に装薬を詰め、原則として砲弾と一体化しているが、薬嚢式は布袋に装薬を入れ、砲弾と別々になっている。

●弾薬の型式による分類

カノン砲や榴弾《りゅうだん》砲などで使われる弾薬にはさまざまな種類があるが、基本的には金属製薬莢《やっきょう》式と薬嚢《やくのう》式のふたつに分類することができる。

金属製薬莢式とは、装薬《そうやく》を入れるための容れ物である薬莢が金属でできていて、砲弾と一体化している。薬莢は、砲撃時に発生する燃焼ガスによって砲身が破損することを防ぐとともに、砲尾を密封するという役割がある。

薬莢式は、薬莢の底に火管《かかん》と雷管《らいかん》が取り付けられていて、薬莢内に装薬が詰められている。そして閉鎖機で砲尾を閉じて引き金を引くと、閉鎖機に取り付けられている撃針が雷管と接触して火管に引火し、薬莢内の装薬に点火する。そして装薬が爆発して、砲弾を発射させる。

このとき、撃針の代わりに、接触針を使って電流を流すことで雷管を作動させるタイプのものもある。

薬嚢式は、装薬を布袋に入れ、砲弾とは別々になっていて、分離弾薬とも呼ばれる。

薬嚢と呼ばれる布に入れられた装薬の一端に、装薬に点火するための点火薬がついている。閉鎖機内の撃発装置が作動して、まずは点火薬に点火して、その火で装薬を爆発させて砲弾を発射する。装薬は通常は5～6個をまとめてひもで縛って装填したが、状況に応じて装薬の袋の数を減らして射程距離を調整することもあった。

金属製薬莢式は、19世紀後半まで大きな黄銅の薬莢を作るのが技術的に難しかったこと、薬莢の材料である真鍮が高価だったことから、口径の小さいカノン砲や榴弾砲に使われた。

一方、薬嚢式は砲弾の大きさに関係なく使えたので、戦艦の主砲など大口径のものにも採用された。

薬莢式と薬嚢式

●薬莢式の仕組み

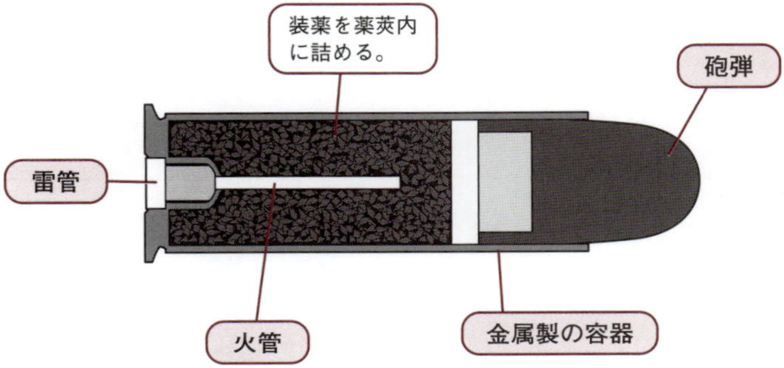
装薬を薬莢内
に詰める。
砲弾
雷管
火管
金属製の容器

●薬嚢式の仕組み

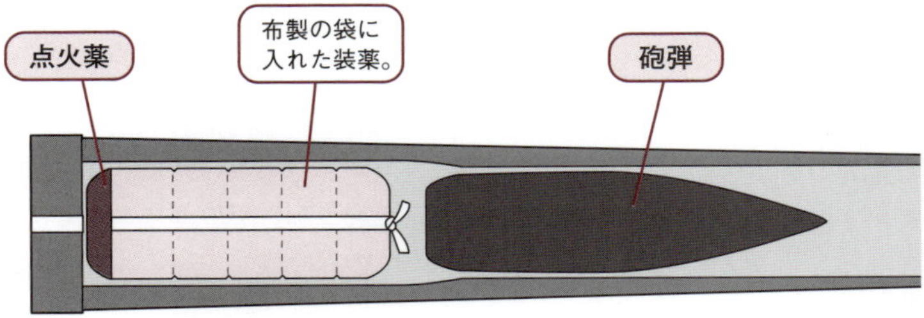
点火薬
布製の袋に
入れた装薬。
砲弾

①点火薬に引火し燃焼する。

②点火薬から装薬に引火して
爆発、砲弾が飛び出す。

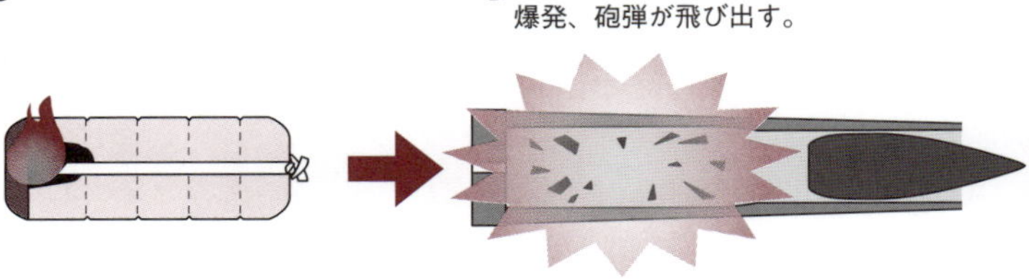

関連項目

●装薬と炸薬はどう違う？→No.019
●閉鎖機とは何か？→No.011
●榴弾砲とは？→No.035

No.019

装薬と炸薬はどう違う？

砲撃の際に必要な火薬には数種類あるが、ここではなかでも重要な「装薬」と「炸薬」について説明する。装薬とは砲弾を撃ち出すために必要な火薬で、炸薬とは砲弾を破裂させるために必要な火薬である。

●大砲に重要なふたつの火薬

大砲を撃つ際に必ず必要となるのが、火薬である。なかでも重要となるのが「装薬《そうやく》」と「炸薬《さくやく》」だ。基本的には装薬を炸薬の代わりに使うことはなく、その逆も同じである。ただ、現在では、添加剤などを混ぜて燃焼力や燃焼スピード、爆発スピードをコントロールすることで、装薬・炸薬の両方に使える火薬もある。

装薬とは、砲身内の砲弾を発射するための火薬のことだ。薬嚢《やくのう》式の場合の装薬は、発射薬と点火薬という２種類の火薬から構成されている。発射薬とは、爆発によって砲弾を発射させるための火薬で、薬嚢と呼ばれる布袋に入っている。点火薬とは、発射薬に点火するための火薬のことで、発射薬の底部に設置される。そして、発射薬と点火薬を一緒に収納したものを装薬という。燃焼した装薬が燃焼ガスを発生し、そのガスの圧力によって砲弾を加速させて発射する。また、薬嚢の数を調整することで、射程距離を調整することができる。

薬莢式の場合、点火薬は火管内に仕込まれ、薬莢内に発射薬が詰められている。この場合、発射薬が装薬となる。

炸薬とは、「爆薬」ともいい、砲弾の内部に詰められた火薬のことで、砲弾を爆発させるために使う火薬だ。つまり、鉄の塊である実体弾の場合は、炸薬は使われない。

たとえば信管つきの砲弾なら、砲弾が目標物に命中したとき、あるいは目標物付近まで到達したときに、砲弾内の信管が作動する。そして起爆薬に火がつき、その火によって炸薬が点火し、砲弾を爆発させる。

装薬と炸薬

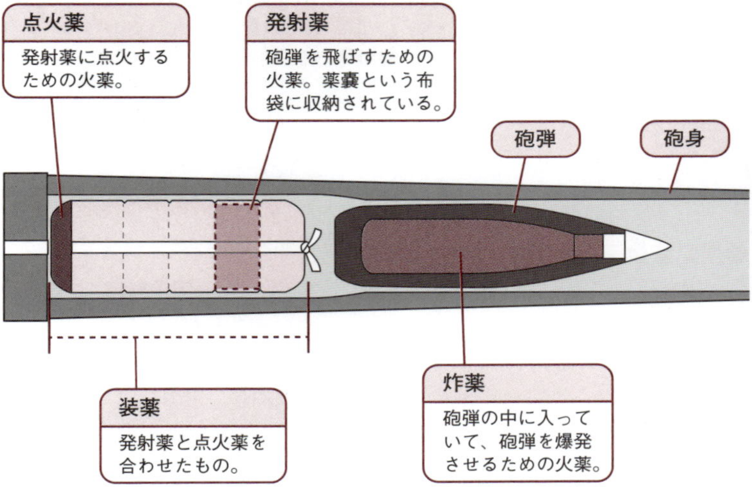
点火薬
発射薬に点火するための火薬。
発射薬
砲弾を飛ばすための火薬。薬嚢という布袋に収納されている。
砲弾
砲身
装薬
発射薬と点火薬を合わせたもの。
炸薬
砲弾の中に入っていて、砲弾を爆発させるための火薬。

装薬の量を調整する

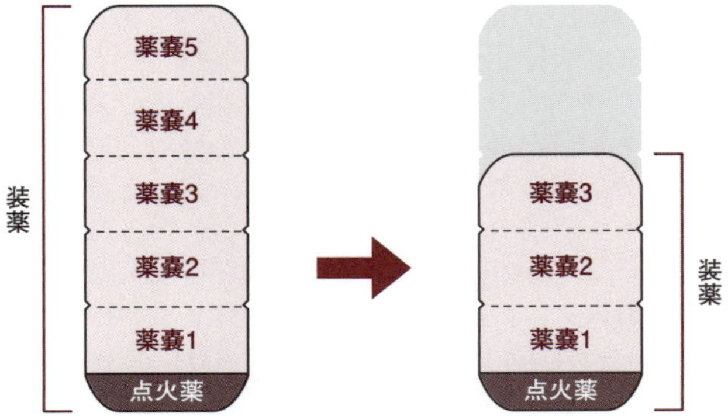
装薬
薬嚢5
薬嚢4
薬嚢3
薬嚢2
薬嚢1
点火薬
薬嚢3
薬嚢2
薬嚢1
点火薬
装薬

発射薬を詰めた薬嚢を複数重ねて点火薬をつけて装薬にする。

射程距離を調整したい場合は、不要な薬嚢を取り除いて装薬とする。

関連項目

●薬莢式と薬嚢式とは何か？→No.018
●実体弾と榴弾の違いとは？→No.014

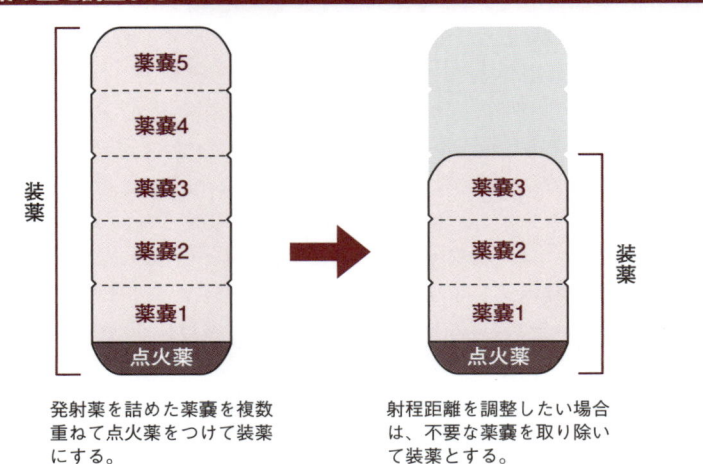

No.020

15世紀末、車輪の形に関する議論があった？

砲架につけられる車輪は、現代では自動車のタイヤのような形が普通だが、発明当時の車輪は木製だったこともあり、車輪型以外にもうひとつのタイプがあった。

●垂直型か、お椀型か？

大砲を砲架に備え付けるようになって、次に求められたのは、より方向転換や運搬を楽にするために砲架に車輪をつけることだった。

15世紀末頃に砲架が発明されると、車輪に関する議論が起こるようになる。問題となったのは、車輪の形だった。普通の円形の車輪（垂直型という）か、お椀のように中心がやや盛り上がった型の車輪かが争点となった。お椀型の車輪だと中心にいくにつれて厚みを出さなければならないため、垂直型の車輪のほうが製作は容易だった。

しかし、垂直型の車輪は、お椀型の車輪よりも耐久力に欠け、重い大砲になると重量に耐えられず車軸などが壊れてしまうこともあり、当初の車輪はお椀型が採用された。

15世紀末から16世紀にかけては、車輪は鉄製と木製の２通りがあったが、車軸は木製である場合が多かった。木製の車軸は金属で部分補強がなされていたが、車軸の上の部分に銅をかぶせ、下の部分には鉄製の車軸棒を添えた。こうすることで車輪が回転する部分がすり減るのを抑えた。

車輪の大きさは野戦砲の場合まちまちだったが、艦載砲はある程度決まっていた。24ポンド砲の前輪は直径18インチ（約45.7センチメートル）、後輪は16インチ（約40.6センチメートル）とされた。前輪と後輪で直径に差があるのは、当時の砲デッキは船縁のほうが低くなっていたためだ。

その後、鋳鉄技術が発達して耐久性の高い鉄を鋳造することができるようになって、垂直型の車輪でも重量に耐えられるようになり、17世紀以降は垂直型の車輪が主流となった。

垂直型の車輪とお椀型の車輪

		メリット	デメリット
垂直型		・お椀型より製作が容易。 ・従来の砲架を使える。	・大砲の重量に耐えられず壊れてしまうことがある。
お椀型	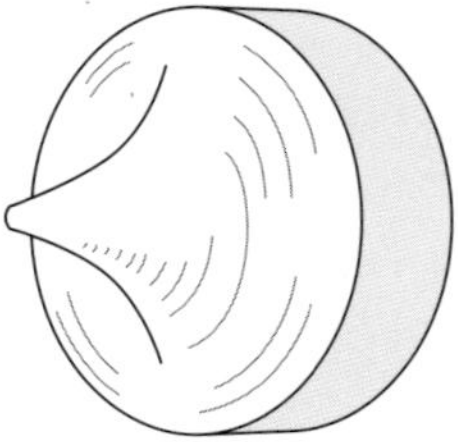	・重量に対する耐性がある。	・垂直型より製作が困難。 ・砲架を幅広に改良しなければならない。

初期の砲架の車輪

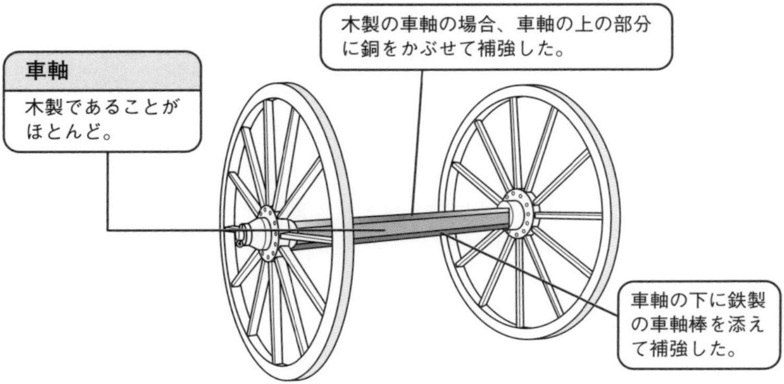
木製の車軸の場合、車軸の上の部分に銅をかぶせて補強した。
車軸
木製であることがほとんど。
車軸の下に鉄製の車軸棒を添えて補強した。

関連項目

●大砲運搬用の画期的な発明とは？→No.012
●艦載砲はどこに設置されていたか？→No.068

No.021

大砲のメンテナンスに使う道具には何がある?

中世から近世にかけての大砲を使う場合には、砲撃のたびに兵士の手で砲身内を掃除しなければならなかった。また、弾薬の装填後には大砲を元の位置に戻す必要もあった。

●砲撃準備までに使う道具たち

大砲が戦場で重宝されるようになると、より効率よく装填して砲撃するための道具が使われるようになった。

「海綿」は砲身の中を掃除する道具で、水で湿らせた綿を棒の先端に取り付けて使用した。大砲は一度砲撃すると、砲身の中に燃え残った紙や弾薬が残り、そのままにすると次に装填した弾薬に引火してしまうこともあったからである。また、海綿で除けなかったゴミは、「螺旋棒」という、先がらせん状にねじれたもので取り除いた。

砲腔に彫られた溝にゴミがたまりやすいライフル砲は、滑腔砲よりも掃除は慎重に行った。また、弾薬が鉛製の場合は、鉛が溝にくっついてしまうので、これを削り取らなければならなかった。

砲身の中がきれいになったら、弾薬を装填する。1800年代のはじめ頃までは前装式が主流だったから、「込め矢」という砲弾とほぼ同じ直径の木製の円柱を使って弾薬を奥まで押し込んでいった。

そして、その後に砲弾を同じようにして装填する。

装填が完了したら、大砲の位置を元に戻さなければならない。大砲は一度砲撃すると、その衝撃で後退してしまう。駐退機が発明されるまで、その運動を全回避することはできず、ときには相当後ろまで下がってしまうこともあった。そこで、てこ棒で砲架を持ち上げて車輪を転がして大砲を元の位置に戻してから照準を定めるわけである。

点火するときには、「導火棹《みちびざお》」という道具を使う。先が二又に分かれた棒で、燃焼速度の遅い火縄が巻き付けてあり、そこに火をつけて砲の点火口の導火線に接触させて点火する。

大砲を使用するときに使う道具

海綿

砲身内に残っている火薬の燃えカスを清掃する。

螺旋棒

前回の発射の際に残った紙などを取り除く。

込め矢

砲弾と火薬を砲身内の奥に押し込む。

火薬杓

必要な火薬をすくって砲身などに入れる。

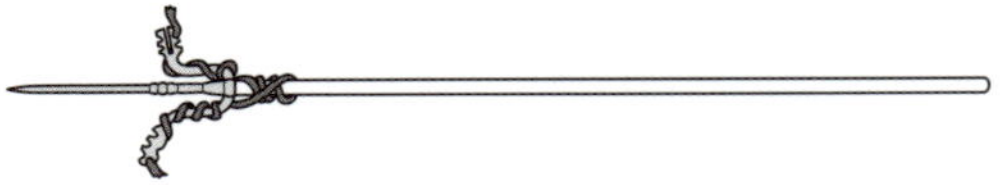

導火棹

先についている火縄に火をつけて大砲に点火する。

道具の使い方

① 海綿で砲身の中を掃除する。

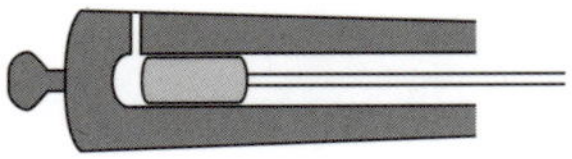

② 火薬と砲弾を入れ、込め矢で押し込む。

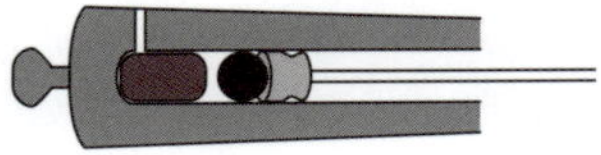

③ てこ棒で位置を戻して照準を定める。

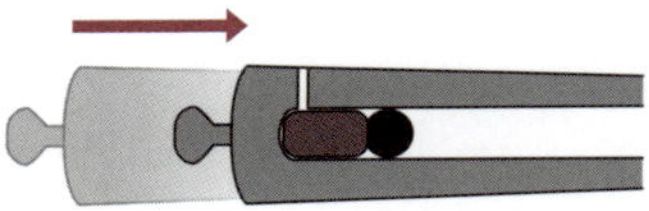

④ 導火棹で点火して発射する。

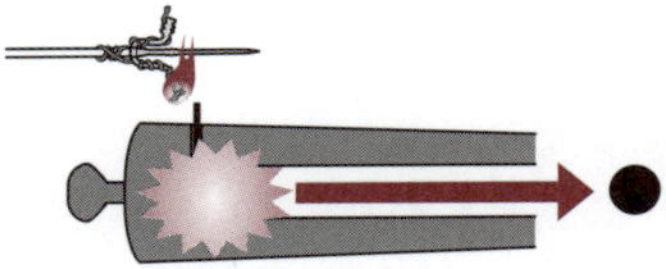

関連項目

●前装砲はどうやって砲弾を装填するのか？→No.004
●発射時の反動はどう吸収する？→No.010

No.022

大砲の発達と城郭の発展に関係がある?

16世紀に入ると大砲の威力が増し、従来の「高さはあるが、厚みがない」中世ヨーロッパ式の城郭では防衛できなくなった。そこで登場したのが、稜堡型の城郭であった。

●稜堡型要塞の登場

大砲は発明された当初は、攻城砲として使われることが一般的だった。はじめの頃は大砲の威力も精度も射程距離も、城や要塞を脅かすほどのものではなかったが、時代を経て大砲の威力が増すと、高さはあるが厚みのない中世ヨーロッパ特有の城壁では防御できないほどになった。また、このような城では、籠城する際に大砲が重すぎて城壁に設置することもできなかった。

そこで、築城方法を根本的に見直さなければならなくなった。欧州でいちはやく対応したのは、北方のフランスと戦争中でフランス軍の攻城砲に悩まされていた、16世紀前半のイタリアだった。

イタリアはこれまでの円形の塔を捨て、角張った城にした。高かった城壁を低くし、砲撃の衝撃に耐えられるように城壁も厚くした。また、これまでは石や煉瓦で作られていた城壁を、土製に変えた。石や煉瓦だと、砲弾が当たって砕け散ったときに城内の兵士がケガをしてしまうし、土製なら石製よりも砲弾の衝撃を吸収することができたからである。そして、城壁の内側には石造りの厚い壁を築いて壁を2重にして、砲撃される城壁を支えた。

そしてなによりの変化は、稜堡《りょうほ》を築いたことだった。稜堡とは、城壁から突出した土塁のことだ。稜堡を築いたことで、攻囲側はまず各稜堡を落とさなければ、その奥にある要塞本体を攻撃することができなくなった。

こうしてイタリア式の稜堡型要塞はヨーロッパ各地に広まり、19世紀にナポレオンによる近代戦が始まるまで、ヨーロッパの主要な要塞として存続したのである。

城郭の外観の変化

●大砲登場以前の中世ヨーロッパ特有の城郭

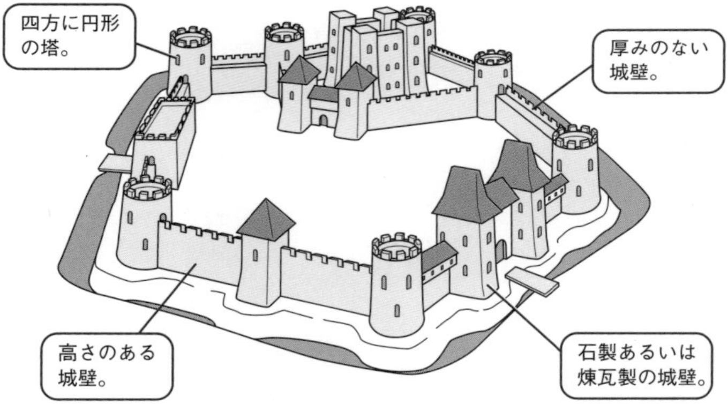
四方に円形の塔。
厚みのない城壁。
高さのある城壁。
石製あるいは煉瓦製の城壁。

●大砲登場後の稜堡型要塞

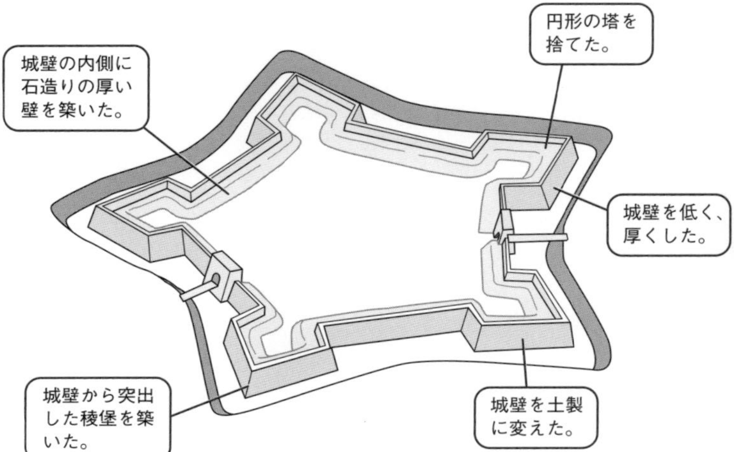
円形の塔を捨てた。
城壁の内側に石造りの厚い壁を築いた。
城壁を低く、厚くした。
城壁から突出した稜堡を築いた。
城壁を土製に変えた。

関連項目

●攻城戦に活躍した「臼砲」とは？→No.030

兵器に革命を起こした黒色火薬の発明

火砲の発明と発達に欠かせなかったのが、黒色火薬の発明だ。黒色火薬は硝石、硫黄、木炭を混ぜ合わせたもので、発明以来現代まで、それぞれの含有率は変わったが、ほとんど形を変えずに使用され続けている。

黒色火薬の発明にとって重要だったのは、硝石の発見である。硫黄や木炭と違って、硝石は産出地が限られ、さらに地中に存在するため不純物を取り除く作業が必要だったのだ。

この硝石を発見したのは中国だった。漢方医学が発達していた中国では、少なくとも８世紀には、硝石を薬のひとつとして使っていたのである。

硝石はその後、１３世紀初頭にモンゴル帝国が中国を統一し（元朝）、東南アジア方面へ勢力を伸ばしていく過程でアラビア半島に伝わり、ヨーロッパへと伝播していった。ヨーロッパでは硝石のことを「アラビアの雪」と呼び、アラビアでは「中国の雪」と呼んでいたという。

１０世紀末、黒色火薬が宋朝の中国で発明されることになる。ただし、いつ、誰が発明したのかはわからない。多くの人々が爆発する物質を求めて試行錯誤を繰り返すなかで、偶然できあがったものと考えられるからだ。

黒色火薬が発明されると、まず弾丸が作られた。布や木の容器に火薬を入れ、それを投げつけて爆発させるのである。

やがて火薬中の硝石の比率は高まり、火薬を詰める容器も紙製もしくは木製から金属製になり、硬度と威力は高まっていった。また、火薬は発明当初は、炸薬としてのみ使われるものであった。

そして、火薬の燃焼力を利用してものを飛ばす方法が中国で考案された。つまり、火薬を装薬として使う発想が編み出されたのである。

それより以前に中国では「火槍」という火を噴射する装置を編み出していた。この兵器は爆発させたり、爆弾を飛ばしたりはできなかったが、火薬がものを飛ばせることがわかると、火槍の中に金属片や刺激物を入れるようになり、砲身は大きくなり、やがて矢が装填され、そのあとに銃弾や砲弾が飛ばされるようになったのである。

第2章
陸上の火砲

No.023

ヨーロッパ最初期の火砲とは？

はじめて火砲が使われたのがいつなのかは、正確にはわからない。最古の火砲として知られるのが、1327年のイングランド製のものだが、この火砲はどういう形状をしていたのだろうか？

●鉄の矢を放つ洋梨型の火砲

ヨーロッパではじめて火薬を使った兵器が、いつ登場したかについては諸説ある。記録上に現れるのは12世紀後半で、アフリカ北部のムーア人が、現在のスペイン北部のサラゴサを攻撃したときに大砲を使ったとされている。しかし、これがどのような兵器なのかは定かではなく、火力で弾を発射させる大砲式の兵器だったのかは疑問視されている。おそらく、可燃物を詰め込んだ壺などを、カタパルトなどの投石器で放り投げたという程度のものではないかと考えられている。

その後も火砲の使用に言及した史料はあるが、どれも正確な形状がわからず、1327年にイングランドで作られた彩色写本のひとつ、『ミリミート写本』に、ようやく最古の火砲が描かれる。

この火砲はイタリア語で「花瓶」あるいは「壺」と呼ばれ、弾ではなく大きな鉄の矢を発射する兵器だった。当時のイングランドは軍事的には後進国であり、イタリアから持ち込まれたものだった。当時は火薬を使って矢を発射する兵器は格段珍しいことではなかったようで、たとえばフランスでは1342年に、火砲用の矢400本を作るために多くの鋳物師が雇われたという記録が残されている。

写本に描かれているイングランドの火砲の砲身は青銅製で、洋梨型をしている。絵を見る限りは、砲身の全長は1メートルにも満たず、持ち運ぶこともできたのではないだろうか。また、この火砲には台車がなく、4本脚のただの台に載せられているだけである。そして、矢軸が損傷しないように矢軸を皮で包んだ鉄の矢を砲口に突っ込んで、熱した鉄の棒を点火口に差し込み、砲身内の火薬を爆発させて、鉄の矢を飛ばした。射程距離は400～600メートルほどだったというが定かではない。

『ミリミート写本』に描かれたイングランドの大砲

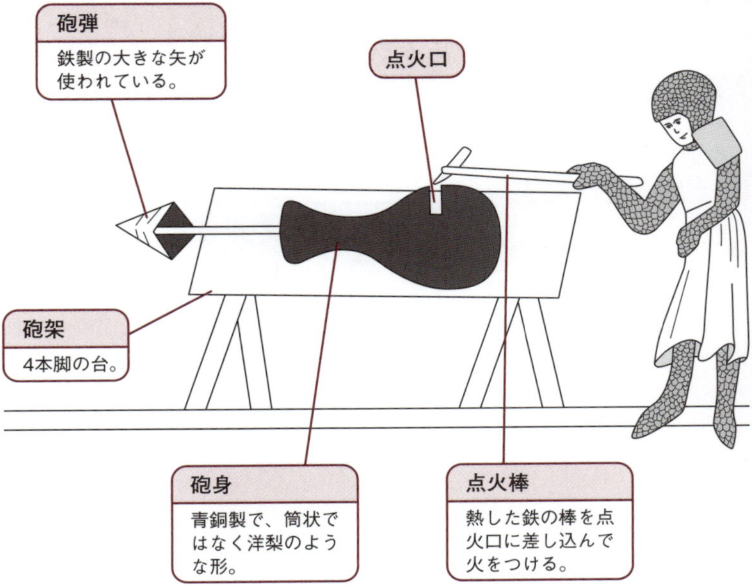
砲弾
鉄製の大きな矢が使われている。
点火口
砲架
4本脚の台。
砲身
青銅製で、筒状ではなく洋梨のような形。
点火棒
熱した鉄の棒を点火口に差し込んで火をつける。

砲弾である矢を飛ばす

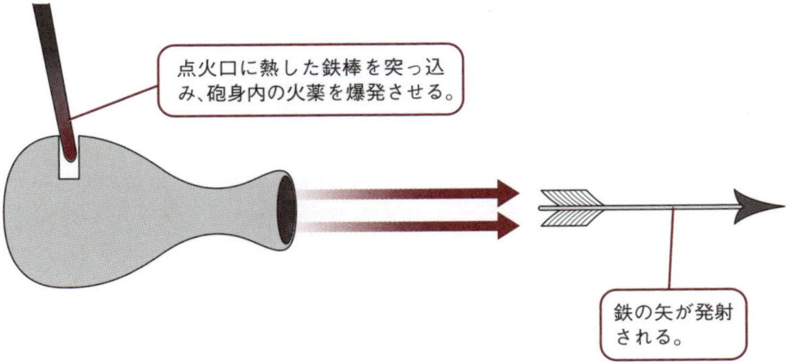
点火口に熱した鉄棒を突っ込み、砲身内の火薬を爆発させる。
鉄の矢が発射される。

関連項目

●方向転換を容易にした投石器「旋風車砲」とは？→No.100

No.024

石弾を発射した「ボンバード」とは？

イングランドとフランスによる百年戦争で登場した大砲が「ボンバード」と呼ばれる射石砲である。石弾を発射する大砲だが、どのようなものだったのだろうか。

●フランスが発明した巨大な射石砲

14世紀前半から中頃にかけて、ヨーロッパで大砲が使われはじめてから、大砲は砲身を大きくするという形で、第一の進化を遂げることになる。初期の大砲では、砲身が短いため砲弾を発射させてもたいした破壊力を得られず、そのため矢を砲弾代わりにしていたのである。一方で、砲弾を発射するための工夫もなされていった。

そして14世紀後半、イングランドとフランスによる百年戦争の時代に、砲弾を発射できる大砲が登場する。

1382年、アウデナールデ（現在のベルギー北部）の戦いでは、フランス軍が「驚くべき重さの石を発射する、驚くべき大きさ」の射石砲を戦場に持ち込んだという記録が残されている。これは「ボンバード」と呼ばれ、巨大な石の弾を砲口から発射する大砲であった。ボンバードは前装砲で、最大で300キログラムの花崗岩を発射することができたといわれ、口径は最大で約60センチメートル、砲身は1メートルほどだったといわれる。車輪のない台の上に載せられ、砲口は固定されていた。

イングランドでも、同時期に同じような大砲が使われ、「モンス・メグ」と呼ばれた。モンス・メグは口径約50センチメートル、砲身約2.8メートルの前装砲で、総重量は6トンを超えたという。モンス・メグから発射された鉄弾は、1.3キロメートルの射程距離を誇り、石の弾ならその約2倍の距離を砲撃することができたとされる。車輪つきの台車に載せられていたが、重量があったため方向転換は容易ではなかった。

しかし、これらの射石砲は巨大すぎて動かすのが大変で、装填するのにも時間がかかるという欠点があった。また、照準もなかなか定まらず、対人用というよりは、砦や城壁を壊すのに使われることが多かった。

ボンバード

■フランス製
■14世紀後半製作

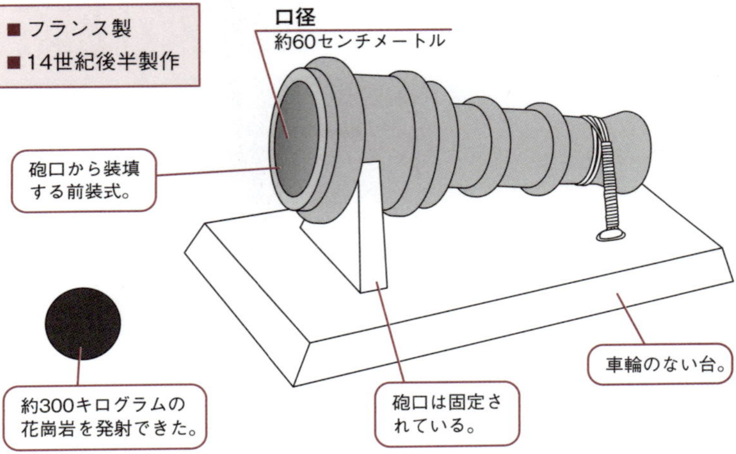
口径
約60センチメートル
砲口から装填する前装式。
車輪のない台。
約300キログラムの花崗岩を発射できた。
砲口は固定されている。

モンス・メグ

■イングランド製
■14世紀後半製作

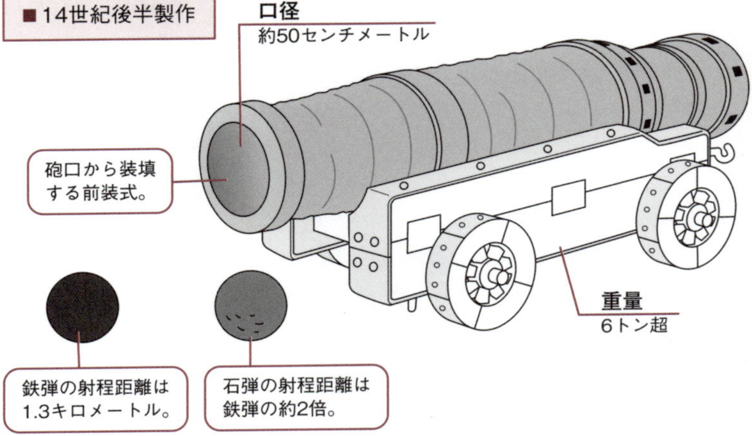
口径
約50センチメートル
砲口から装填する前装式。
重量
6トン超
鉄弾の射程距離は1.3キロメートル。
石弾の射程距離は鉄弾の約2倍。

関連項目

●ヨーロッパ最初期の火砲とは？→No.023
●大砲の発達と城郭の発展に関係がある？→No.022

No.025

一斉砲撃を可能にした「オルガン砲」とは？

15世紀に開発されたとされる「オルガン砲」は、現代の速射砲の元祖ともいえる火砲だった。ここではオルガン砲がどのようなもので、どのくらいの威力かを紹介していく。

●フス戦争で使われた画期的な連射砲

1419年、ヨーロッパではじめて火砲が戦場に持ち込まれたとされるフス戦争が勃発した。このとき、フス派の軍隊が使用した火砲のひとつに、「オルガン砲」と呼ばれる大砲があった。

オルガン砲とは、手押し式の荷車に、６～10門ほどの小型砲を１列に並べた大砲で、のちのガトリング砲の原型ともいえる兵器である。後代には、１列ではなく何列にも並べたオルガン砲も登場した。

砲を並べた様が、教会のオルガンに似ていたことから「オルガン砲」と命名された。「リボーデクィン」、あるいは「リボドゥカン」と呼ばれることもある。オルガン砲のなかには、兵士を防御するための盾のようなものがついている場合もあった。

オルガン砲の特徴は、荷車上に並んだ砲門にいっせいに点火することで一斉砲撃ないしは連続砲撃を実現したことにある。ただし、いっせいに点火するといっても、ひとつの砲に１人の兵士がつき、タイミングを合わせて点火するという代物だ。だから、タイミングをずらして点火することで連続砲撃も可能だった。

オルガン砲は射程は短く、命中精度も低かったが、一斉砲撃あるいは連続砲撃は当時の火砲にはないものだった。とくに接近戦では効果的で、突撃してくる敵にはとくに有効に働いた。また、手押し車とはいえ、車両に載せられていたことから機動性も高かった。

しかし、砲撃したあとは、いちいち１門ずつに装填しなければならず、発射を終えてしまうと無力化してしまった。

オルガン砲は18世紀半ばまで使用されたとされるが、1861年の南北戦争でも使われたとする説もある。

オルガン砲

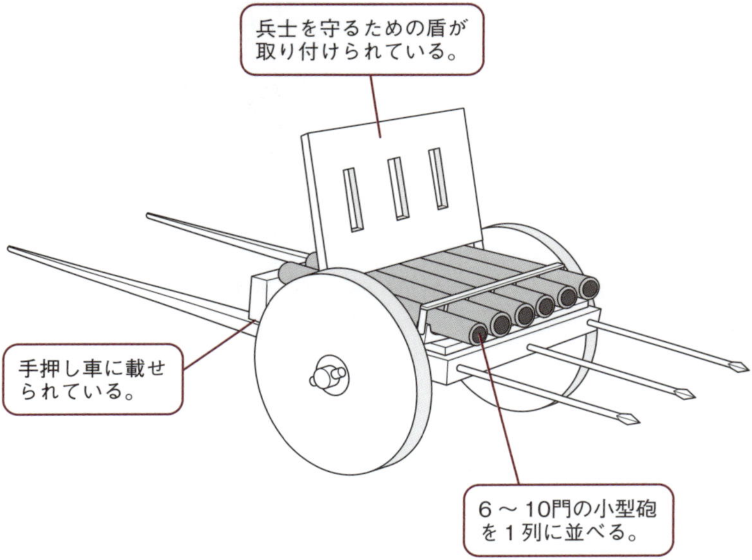
兵士を守るための盾が
取り付けられている。
手押し車に載せ
られている。
6～10門の小型砲
を1列に並べる。

オルガン砲の特徴

特徴1 一斉砲撃ができる

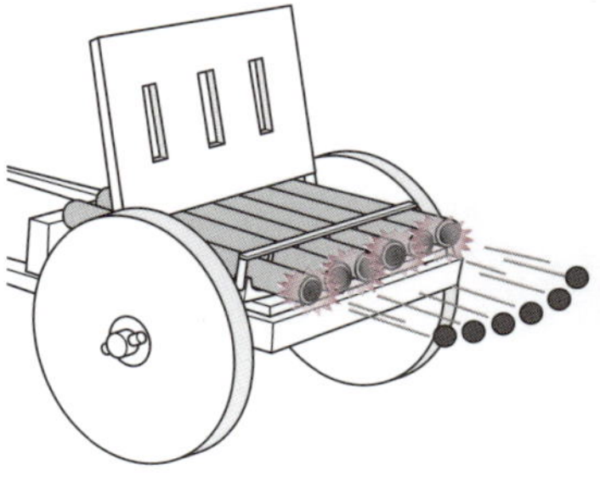

特徴2 機動性が高い

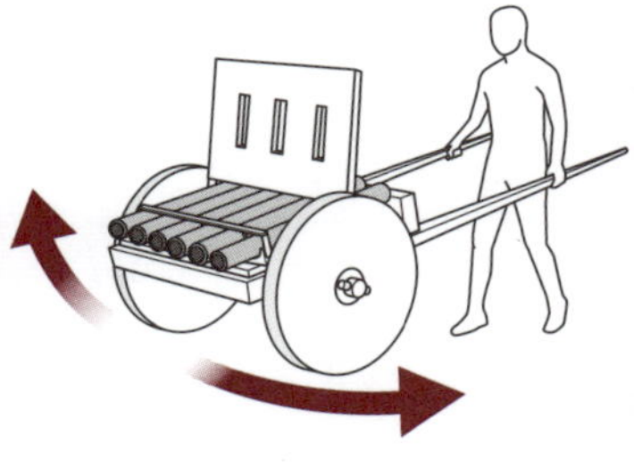

関連項目

●連続砲撃を可能にした「ガトリング砲」とは？→No.044

No.026

オスマン帝国が作った巨砲とは？

15世紀中頃にオスマン帝国が開発したのが「マホメッタ」という巨大な大砲だった。東ローマ帝国を滅亡に追い込んだ巨大な大砲だが、どのようなものだったのだろうか。

●東ローマ帝国を滅ぼした巨大大砲

青銅で作るようになって、射石砲は大きく、重くなっていった。そして、中世最大級の射石砲が15世紀中葉のオスマン帝国に現れる。その射石砲は、皇帝メフメト２世によって、「マホメッタ」と名付けられた。

マホメッタは口径が約63.5センチメートル（25インチ）、全長は約７メートル、重さは10トン以上もあったといわれる巨大な射石砲で、600キログラムもの巨大石弾を発射することができたと伝えられる。メフメト２世は、この巨砲を約３カ月を要して製作させた。

これほどの重さだから、戦場に運び入れるのも至難の業だった。記録によれば、砲身をふたつに分解し、マホメッタと石弾を移動させるのに牛60頭と人足200人が必要だったとされる。

そして、ようやく戦場に運んでも、当時の大砲の耐久性は貧弱で、１日に７発以上の弾丸を発射することができなかった。

この巨大射石砲マホメッタが使われたのは、オスマン帝国が1453年、東ローマ帝国（ビザンツ帝国）の首都コンスタンティノープルを包囲したときだった。

オスマン軍は軍船の上にマホメッタと、マホメッタよりも小さいが大きめの大砲２門を配置し、コンスタンティノープルの町を取り巻く石壁めがけて、いっせいに砲撃した。東ローマ帝国も大砲を持っていたが、時代を経て古くなった石壁の上には設置できず、東ローマ帝国軍は小銃や散弾砲で対抗した。しかし、オスマン軍は船を移動させて、あらゆる側面から石壁を砲撃して各所に割れ目を作り、40日の攻囲ののち、ついに石壁が崩れ、東ローマ帝国は滅亡したのだった。

マホメッタ

■オスマン帝国製
■15世紀中頃製作

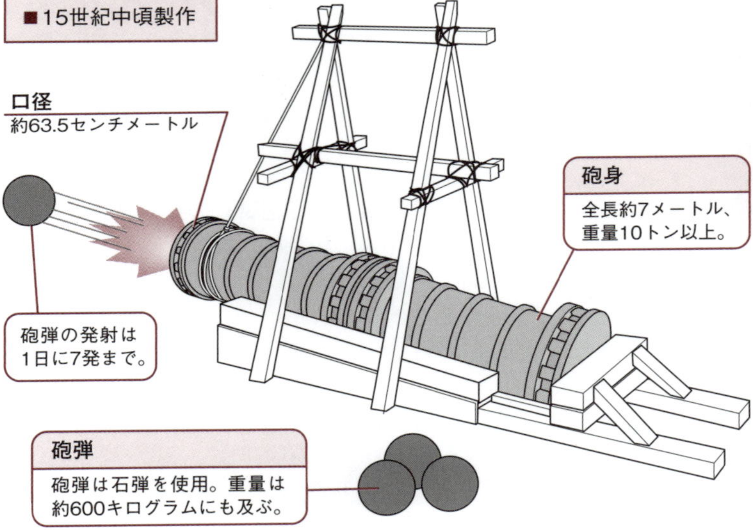
口径
約63.5センチメートル
砲身
全長約7メートル、
重量10トン以上。
砲弾の発射は
1日に7発まで。
砲弾
砲弾は石弾を使用。重量は
約600キログラムにも及ぶ。

●マホメッタの移動方法

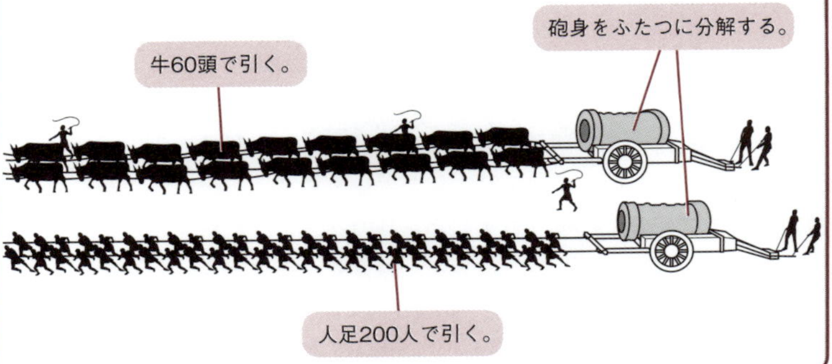
砲身をふたつに分解する。
牛60頭で引く。
人足200人で引く。

関連項目

●石弾を発射した「ボンバード」とは？→No.024
●大砲運搬用の画期的な発明とは？→No.012

No.027

「砲耳」の発明は大砲をどう変えた？

大砲は発明からしばらくの間は、一度据え付けたら射角を変えることはできなかった。しかし、砲耳という突起物を砲身につけることで射角を変えることができるようになった。

●大砲にとってのひとつの画期となった「砲耳」の発明

大砲の軽量化をめざしたフランスで、15世紀にもうひとつ大きな改良点が見られた。それが「砲耳」の発明である。

砲耳とは、砲身を上下に可動させるために、砲身と直角に取り付けられた突起物のことで、15世紀中頃にフランスのビュロー兄弟によって開発されたとされる。

それまでの大砲は、射角を変更したりすることはできなかった。すなわち、一度大砲を設置したら、その角度で撃ち続けなければならなかったのである。

大砲の射角を変えたいときは、斜面など射角を調節できる場所に大砲自体を移動させる以外に方法はなく、それは非常に面倒であった。そのため、砲耳が発明される以前の大砲は、目標物が動かず、砲口を上下させる必要があまりない攻城戦でのみ使われ、野戦ではほとんど使われなかった。

それが、砲耳の発明によって、大砲はようやく野戦でも使えるようになったのである。

従来の大砲は、その重さと不動の砲身のために、城壁の下方の基部を砲撃するだけだった。しかし、軽量化し、砲耳を取り付けられた新式の大砲は、たとえば丘の上に運んでそこから砲身を上げて砲撃することで、これまでは攻撃できなかった塔の上方に一撃を加えることができるようになったのである。

そして、城壁が低ければ城内にまで砲弾を撃ち込むことができるようになった。

また、砲耳の発明によって砲身を砲架に固定することが容易になった。

砲耳とは?

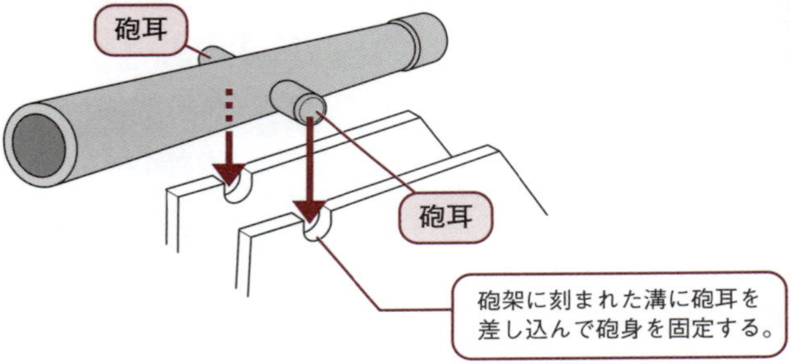
砲耳
砲耳
砲架に刻まれた溝に砲耳を差し込んで砲身を固定する。

砲耳の設置で砲口が上下できるようになった

従来の大砲

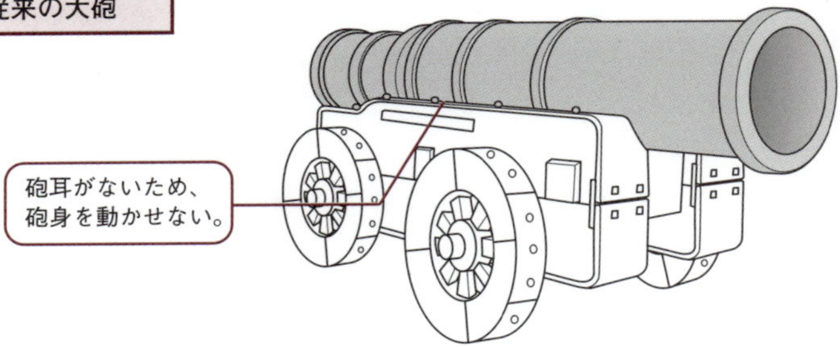
砲耳がないため、砲身を動かせない。

砲耳つきの大砲

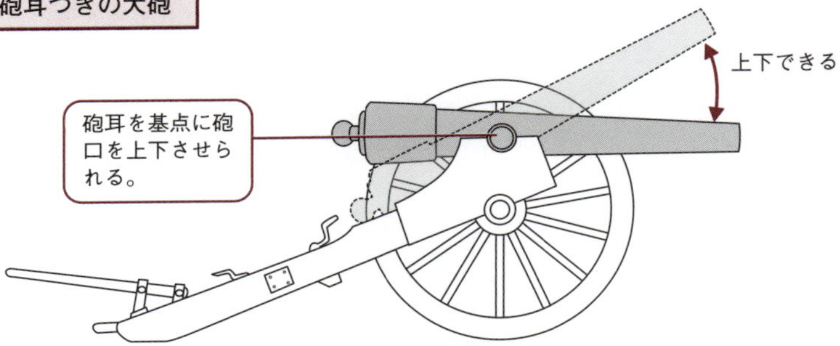
上下できる
砲耳を基点に砲口を上下させられる。

関連項目

●大砲の基本的な構造とは？→No.002
●石弾を発射した「ボンバード」とは？→No.024

No.028

フランスが考案した「ブルゴーニュ野砲」とは？

15世紀末まで、大砲は大型化させることで発展していったが、野戦でも使えるような小口径の大砲の開発も試みられた。そして1494年に登場したのが、小口径で砲身の短い「ブルゴーニュ野砲」だった。

●大型化の時代から小型化へ

オスマン帝国のマホメッタに代表されるように、当初大砲は大きくすることに努力が払われた。しかし、人力で運んでいた時代のこと、大きくなればそれだけ運搬は困難になり、大型化につれ砲弾も大きくなったので装填するのにも時間がかかるようになっていった。そのため、大砲は野戦では心理的に敵軍を威嚇するだけの効力しかもたず、もっぱら攻囲戦にしか使われることはなかった。

しかし、15世紀も末期になると、ヨーロッパの人々は大砲の大型化の限界に気づき、もっと口径の小さい砲に目を向けるようになる。ヨーロッパのなかでも、最初にこのことに気づき実践したのが、フランスだった。このときフランスが開発した大砲が「ブルゴーニュ野砲」である。

フランスが考えたのは、大砲の機動性を確保することだった。4～5メートルほどまで大きくなった砲身を2メートルほどまで小さくし、それにしたがって口径も小さくした。砲身が短くなったことで重量も軽くなり、機動性は大いに高まった。これまでは荷車などに載せて大人数で運んでいた大砲は、車輪つきの木製砲架に載せて、少人数で運べるようになった。

そして、なによりの変化は、砲身を鉄製から、より堅固な青銅製に変えたことであった。

これにより、鉄製のときにたびたび起こっていた砲身破裂という事態は減少し、より安全な兵器へと生まれ変わったのである。

フランス王シャルル8世が1494年、イタリアに侵攻した際、この青銅製の砲身の短いブルゴーニュ野砲が使われ、イタリア軍はあっという間に敗走させられ、フランス軍はフィレンツェ、ローマを占領したうえ、ナポリまで支配下に収めたのだった。

ブルゴーニュ野砲

変化1 砲身が短くなり、口径が小さくなった。

従来の大砲

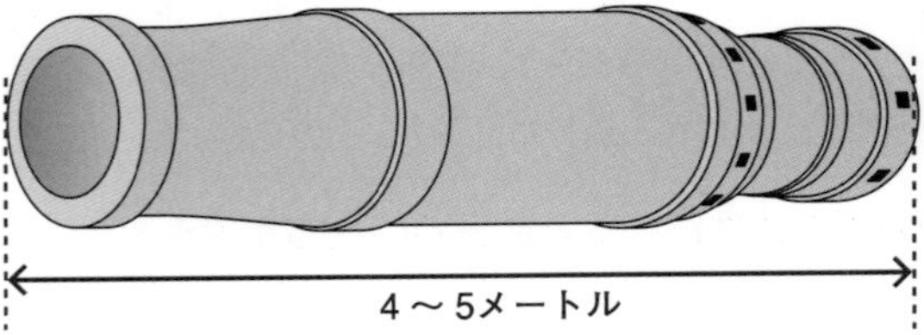

ブルゴーニュ野砲

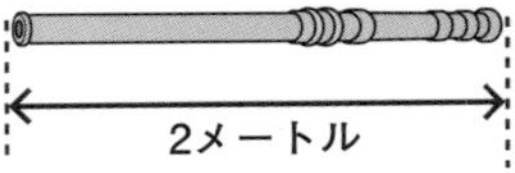

変化2 車輪つきの砲架に載せられるようになった。

変化3 砲身が青銅製になった。

関連項目

●オスマン帝国が作った巨砲とは？→No.026
●初期の大砲はどうやって作っていたか？→No.008

No.029

「カノン砲」は時代によって分類法が違う?

大砲のなかでもポピュラーなものに「カノン砲」がある。しかし、ひとくちにカノン砲といっても、時代によってその分類の仕方は違っていた。昔はカノン砲をどのように分類していたのだろうか。

●カノン砲は時代ごとに分類の仕方が違う

大砲の一種類として現代にも残るカノン砲は、目標に照準を合わせて直接砲撃する大砲である。現在の分類上は、砲身長が30口径以上（＝砲身長が口径の30倍以上）の大砲をカノン砲といい、それ未満のものを榴弾砲とする。

カノン砲は16世紀から存在するが、時代によって分類が変わっている。

まず、発明当初から17世紀以前までは、発射する弾丸の弾道がほぼ水平になる大砲が、カノン砲として分類されていた。当時のカノン砲は敵の要塞と敵の大砲を破壊するための兵器だった。カノン砲のほかには、カルバリン砲などを代表する長距離砲と、砲身が短い臼砲があった。

当時は、何種類ものカノン砲が各国で開発された。たとえばスペインでは、砲弾の重さが9ポンド（約4キログラム）のものから、最大で60ポンド（約27.1キログラム）という重さの砲弾を発射できるカノン砲まであった。

17世紀に入って施条式（ライフル式）の大砲が発明されてからは、砲身の内部にライフリングが入っていない滑腔砲のうち、42ポンド（約19キログラム）以上の砲弾を発射できる大口径の滑腔砲を、カノン砲と呼ぶようになった。

その後、17世紀中頃に榴弾が登場すると、砲弾が実体弾と榴弾の2種類に分けられた。そして、実体弾を低い弾道で発射して直接砲撃する大砲をカノン砲とし、榴弾を高い弾道で発射して間接砲撃する大砲を榴弾砲と区別するようになった。

19世紀後半に入ると、性能的な区別はほとんどなくなり、現代のように口径の大きさで分類するようになった。

カノン砲の時代別の分類

●現代の分類

カノン砲

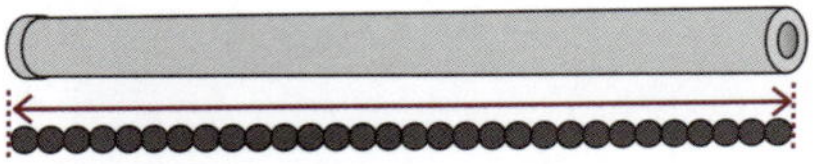

砲身長が口径の30倍以上。

榴弾砲

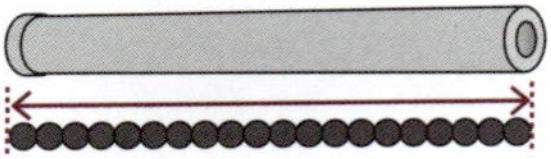

砲身長が口径の30倍未満。

●17世紀以前の分類

カノン砲

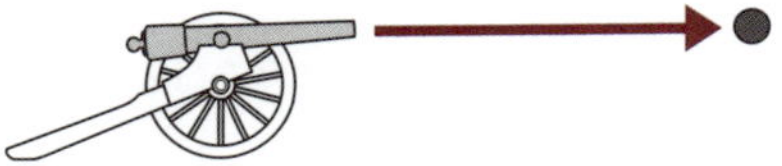

弾道がほぼ水平。

それ以外

弾道が弧を描く。

●17世紀初頭～中頃の分類

カノン砲

42ポンド（約19キログラム）以上の砲弾を発射。

それ以外

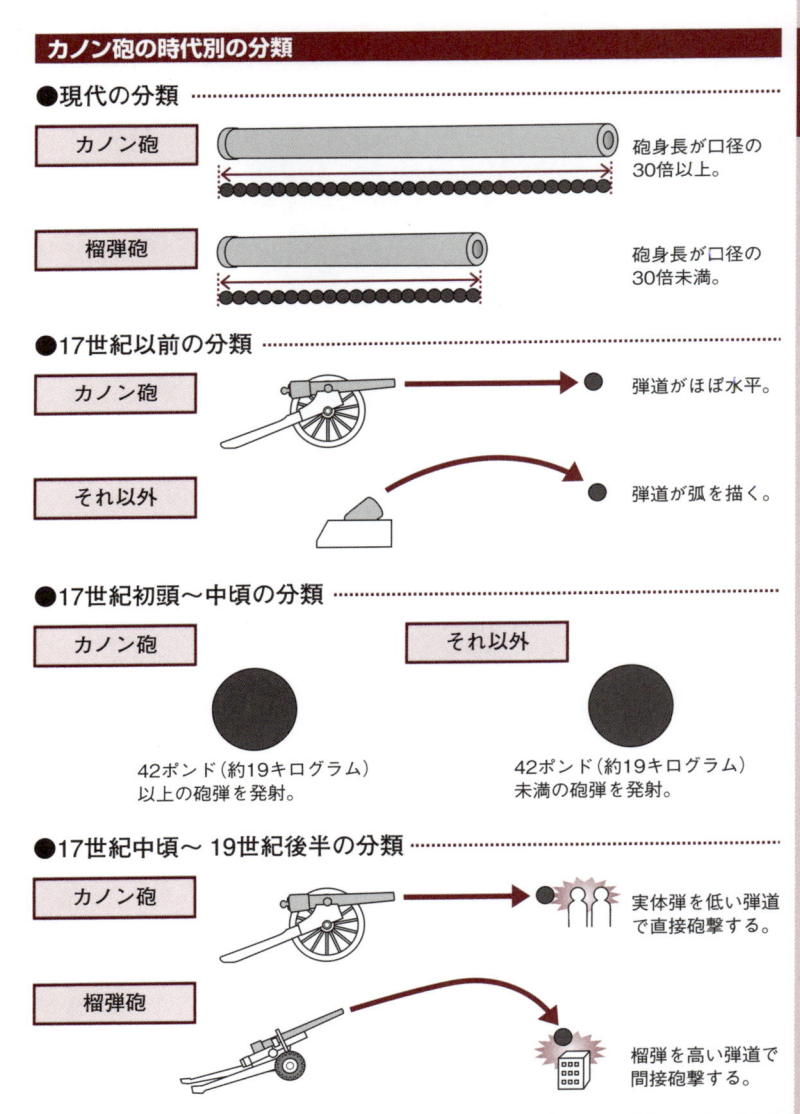

42ポンド（約19キログラム）未満の砲弾を発射。

●17世紀中頃～ 19世紀後半の分類

カノン砲

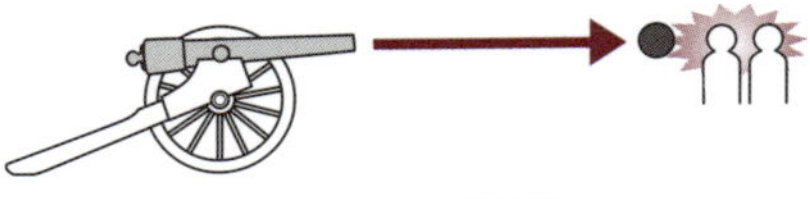

実体弾を低い弾道で直接砲撃する。

榴弾砲

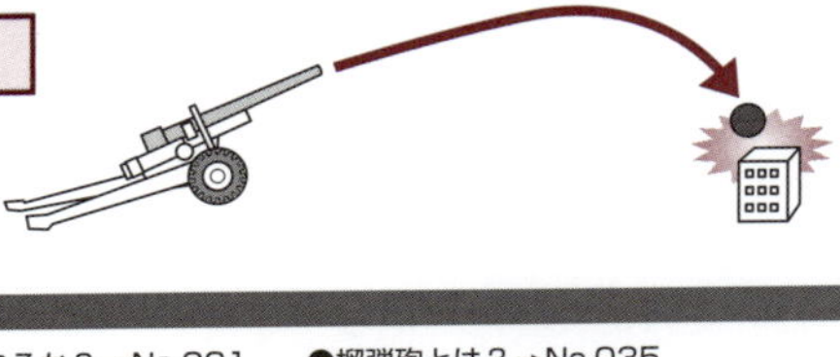

榴弾を高い弾道で間接砲撃する。

関連項目

●大砲はどう分類されるか？→No.001　●榴弾砲とは？→No.035
●命中率を飛躍的に上げた仕組みとは？→No.009

No.030

攻城戦に活躍した「臼砲」とは?

高い弾道をもち、砲弾が放物線を描いて着弾する大砲を「臼砲」という。16世紀に開発されたもので、大砲のなかでも古い歴史をもち、第二次世界大戦まで長く使われ続けた大砲である。

●砲身が短く口径が大きい大砲

臼砲とは、弾道が放物線を描いて砲撃する大砲のことで、空高く打ち上げて高い障害物を越えて着弾する攻撃砲である。砲身が短いのが特徴で、砲身と比較して口径が大きいのも特徴だ。16世紀にはすでに開発されており、弾道が高く命中精度が低かったため、おもに包囲した城内に撃ち込むための大砲として使用された。臼砲は弾道を高くするため、射角は45度に固定されていた。この数字は、開発された時点での経験則から設定されたもので、この角度がいちばん射程距離を稼げるとされていたのである。

18世紀にスペインで使われていた臼砲は青銅製で、砲架と砲身が一体で鋳造されたものだった。角度を固定され、火薬の分量は射程距離によって調整した。砲口は5インチ(約127ミリメートル)、重量500キログラムで、前装式の臼砲だった(射程距離は不明)。その後、角度を調整できる臼砲が開発されたが、砲撃する際の角度はたいてい45度程度とされた。イギリスで開発された、角度を固定しない臼砲は、砲身と砲架の間に楔《くさび》を打ち込んで砲撃角度を上下させる作りになっていた。また、オランダのクーホルンが17世紀に開発した「クーホルン臼砲」は、角度を20~70度の間で調節できた。クーホルン臼砲は口径143ミリメートル、重量はわずか74キログラム、最大射程は1キロメートルほどだった。

幕末の日本にもたらされた臼砲に、オランダ製の「20ドイム臼砲」がある。口径は約200ミリメートルで、クーホルン臼砲と同様、射角は45度に固定されていた。

通常の大砲は、1回砲撃すると、その衝撃で大砲自体が後退してしまうものだったが、臼砲は高角度の弾道で砲撃するため、衝撃を地面で吸収することができ、使いやすい兵器として20世紀になるまで使われた。

20ドイム臼砲

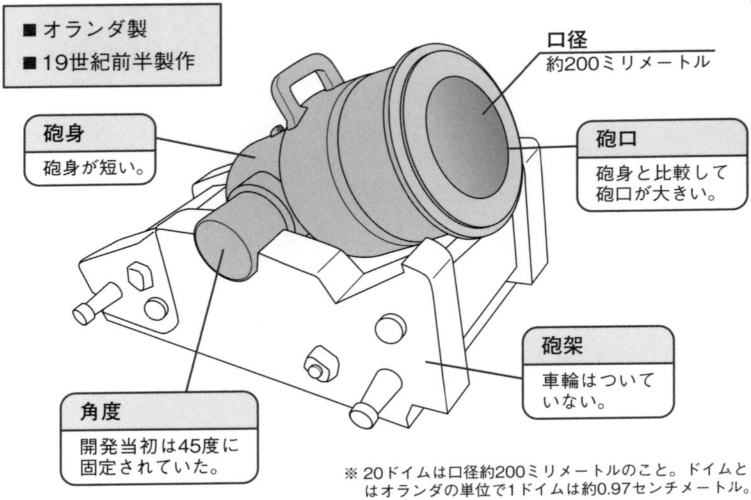
■オランダ製
■19世紀前半製作
口径
約200ミリメートル
砲身
砲身が短い。
砲口
砲身と比較して
砲口が大きい。
砲架
車輪はついて
いない。
角度
開発当初は45度に
固定されていた。

※ 20ドイムは口径約200ミリメートルのこと。ドイムとはオランダの単位で1ドイムは約0.97センチメートル。

クーホルン臼砲

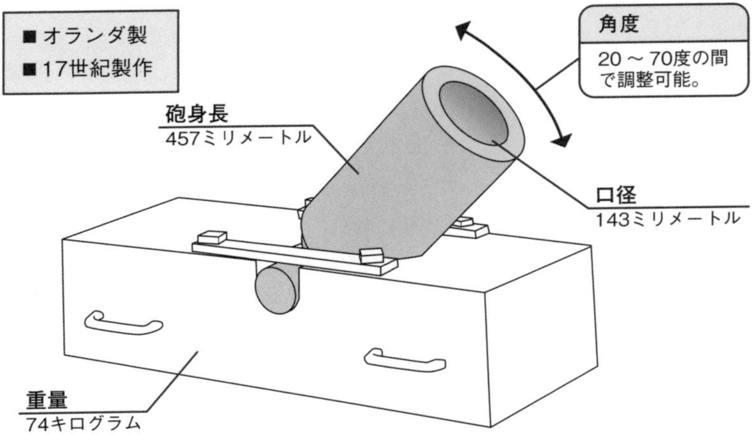
■オランダ製
■17世紀製作
角度
20 ～ 70度の間
で調整可能。
砲身長
457ミリメートル
口径
143ミリメートル
重量
74キログラム

関連項目

●大砲はどう分類されるか？→No.001
●世界最大級のマレット臼砲は使われなかった？→No.040

No.031

マルタ攻囲戦で使われた火砲は？

1565年に勃発したマルタ攻囲戦では大砲が戦場で使用され、160ポンド臼砲という大型大砲も持ち込まれた。また、大砲のほかにも、火薬を使用した「ペタード」という兵器も使われた。

●城壁を破壊する金属製の容器

1565年、オスマン帝国とマルタ島を本拠地とする聖ヨハネ騎士団との間で戦争が勃発した。

この戦争では、多くの火器と火砲が使われた。

オスマン帝国軍は4万の大軍をマルタ島に送り込むとともに、60ポンド砲2門、80ポンド砲10門を用意した。さらに、160ポンド臼砲という、約73キログラムの砲弾を発射する大きな臼砲を使用し、聖ヨハネ騎士団軍を攻撃した。このとき、オスマン帝国軍は砲弾として、石弾だけでなく鉄弾や大理石で作った実体弾を用いた。

また、オスマン帝国軍が使った兵器のなかに、「ペタード」と呼ばれる火薬を使用した兵器があった。片方の口が開いた金属製の容器を、木製の板の上に据えて横向きにして使ったもので、口側から火薬を詰めて、城門や外壁に密着するように設置する。そして、導火線に火をつけて、容器の中の火薬を爆発させて、城壁を破壊した。城壁や外壁に密着させて使うため、当然、命中率は100パーセントであった。

しかし、外壁までペタードを持っていって、敵の目をかいくぐったうえで攻撃準備を整えるというのは非常に難しく、「自業自得」を表す諺として、「自ら仕掛けたペタードに吹き飛ばされる」という言い回しが生まれたほどだった。

一方の聖ヨハネ騎士団は、「トランプ」という兵器を使用した。これは、金属製の筒に油など可燃性の液体を詰めて、導火線に火をつけて投擲する兵器である。また、木材を輪っか状にしてブランデーに浸して油を塗り、そこに油を染み込ませた綿をかぶせたうえに硝石を振りかけて火をつけて投げる兵器もあった。

ペタード

横向きにした砲身のようなものを城壁に密着させ、導火線に火をつけて爆破。その衝撃で壁に穴を開ける。

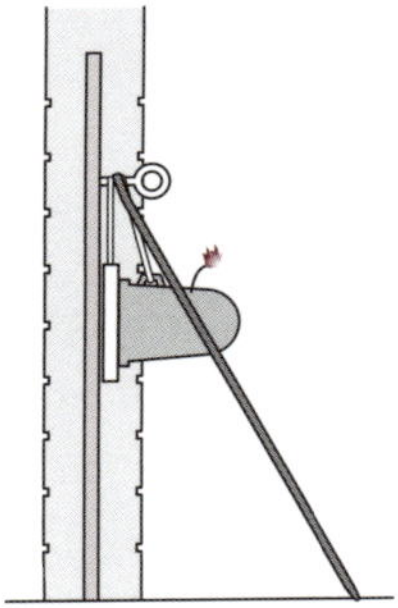

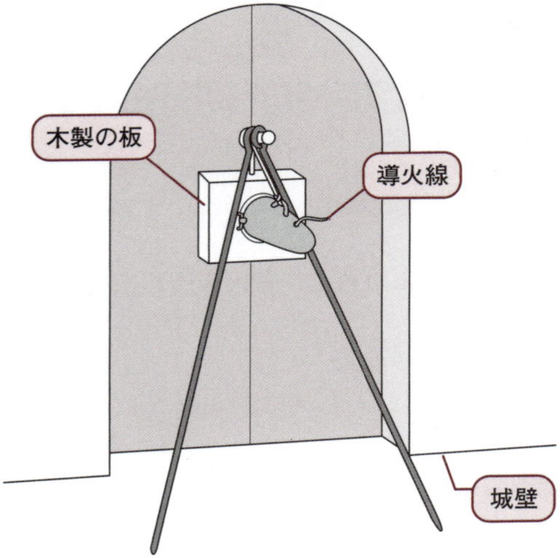

ペタードは非実戦的

デメリット1

外壁まで持っていかなければならない。

デメリット2

敵の目をかいくぐって設置し、点火しなければならない。

関連項目

●オスマン帝国が作った巨砲とは？→No.026
●攻城戦に活躍した「臼砲」とは？→No.030

No.032

日本で最初の大砲は？

14世紀に発明された大砲は、おもにヨーロッパで発展していった。一方の日本では、16世紀の戦国時代に火縄銃が持ち込まれたが、そのときに大砲は使われたのだろうか。日本での初期の大砲について解説する。

●ポルトガルから火縄銃と大筒が伝来

日本にはじめて大砲の記録が登場するのは、15世紀末の応仁《おうにん》の乱のときである。『碧山日録《へきざんにちろく》』という史料に、「飛砲」と「火槍」が備えられていたという記述がある。当時の中国王朝である明と日本は貿易関係にあり、これらはおそらく明から輸入された大砲だったと考えられている。しかし、これらの遺物は発見されておらず、どのように使用されたのかは不明だ。

日本に本格的に火砲が伝来するのは、1543年に種子島《たねがしま》にもたらされた火縄銃《ひなわじゅう》だ。その翌年には再びポルトガル船が種子島に来航し、大筒の製法をもたらした。この大筒は砲身が約109センチメートルあり、直径6センチメートルほどの鉛弾を発射したとされている。

1551年になると、ポルトガル船が今度は豊前《ぶぜん》国に来航し、当時の豊前国の支配者・大友宗麟《おおともそうりん》に青銅製火砲を譲り渡した。この火砲は、いわゆる“国崩《くにくず》し”と称された大砲で、大友氏の重要な武力となった。1576年には再びポルトガル人から国崩しが1門、大友宗麟に贈られている。

しかし、戦国時代には火縄銃と違って、国内では大砲作りは発展せず、1586年には伊勢の戦国大名・蒲生《がもう》氏郷《うじさと》が家来をローマに派遣して、大砲1門を購入した。これが日本人が欧州から大砲を購入した最初の事例である。

戦国時代が終わると、徳川家康が大砲の国産化をめざし、堺の鉄砲鍛冶だった芝辻《しばつじ》氏に大砲の製造を命じ、芝辻氏は1611年、砲身約3メートル、口径約39センチメートルという鉄製の大筒を完成させた。この大筒が日本ではじめての国産大砲で、約5.6キログラムの鉄弾を発射したとされる。

こうして日本でも大砲が製造されるようになったが、鎖国と元和偃武《げんなえんぶ》により大規模な戦いはなくなり、19世紀中頃に高島秋帆《たかしましゅうはん》が現れるまで、じつに200年以上もの間、大砲の発展は見られなくなった。

日本の初期の火砲

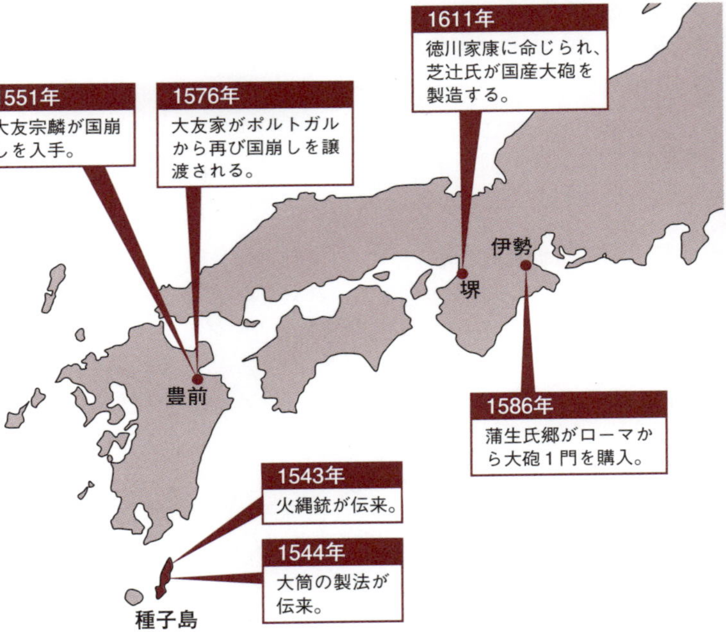
1611年
徳川家康に命じられ、芝辻氏が国産大砲を製造する。
1551年
大友宗麟が国崩しを入手。
1576年
大友家がポルトガルから再び国崩しを譲渡される。
伊勢
堺
豊前
1586年
蒲生氏郷がローマから大砲１門を購入。
1543年
火縄銃が伝来。
1544年
大筒の製法が伝来。
種子島

日本初の国産大砲

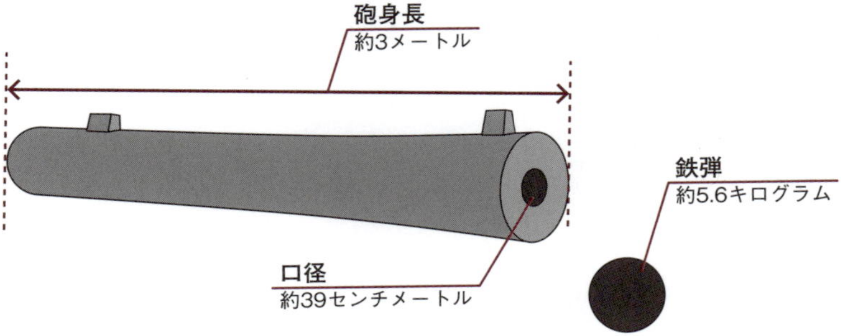
砲身長
約3メートル
鉄弾
約5.6キログラム
口径
約39センチメートル

関連項目

●日本で最初に使われた大砲「国崩し」とは？→No.033
●「抱え大筒」とはどういう大砲か？→No.034

No.033

日本で最初に使われた大砲「国崩し」とは？

日本での最初の大砲の確実な使用例は、「国崩し」といわれる大砲である。戦国時代の九州地方で使われたこの大砲は、どのような形状で、どのように使われたのだろうか。

●大友宗麟に贈られた大砲

日本における大砲で史実として残されているのは、1586年の安土桃山時代となる。織田信長はすでになく、豊臣秀吉が全国統一へ邁進《まいしん》していた。

そんな頃、九州地方では大友氏と島津氏が九州における覇権をめぐって対立していた。1586年11月、戦いを優勢に進める島津軍は、大友宗麟《おおともそうりん》がこもる臼杵《うすき》城に攻め寄せた。このとき、兵力に劣る大友軍が使ったのが、「国崩《くにくず》し」と呼ばれる大砲だった。

国崩しは、1576年にポルトガルの商船が大友氏の領地である豊後《ぶんご》に入港したときに、ポルトガルから大友宗麟に贈られた青銅製の大砲である。伝来については、1551年にも贈られ、その後に宗麟が注文したものが1576年に届いたとする説もある。

国崩しは口径が9.5センチメートルほど、砲身は2.8メートルほどあったといわれている。砲尾の薬室の部分に穴が開いていて、そこに弾丸と発射薬を込めた副砲（カートリッジのようなもの）を装着して発射する後装式の大砲であった。副砲に点火することで中の発射薬を燃焼させて砲弾を飛ばした。副砲には１回の砲撃に１個の砲弾しか入れられず、１回砲撃したら入れ替えなければならなかった。

砲架には車輪はついておらず、移動には巨大な石を運ぶための運搬具である「そり」が使われたと考えられている。

国崩しは後装砲だったが、砲尾を完全に密封することはできず、燃焼ガスの放出が激しかったため、砲弾の飛距離は300～400メートルくらいだったと考えられている。当時の記録によると、砲撃の音は山に鳴り渡り、海にとどろいたというほど大きく、島津軍の度肝を抜いたという。

国崩しの構造と射程距離

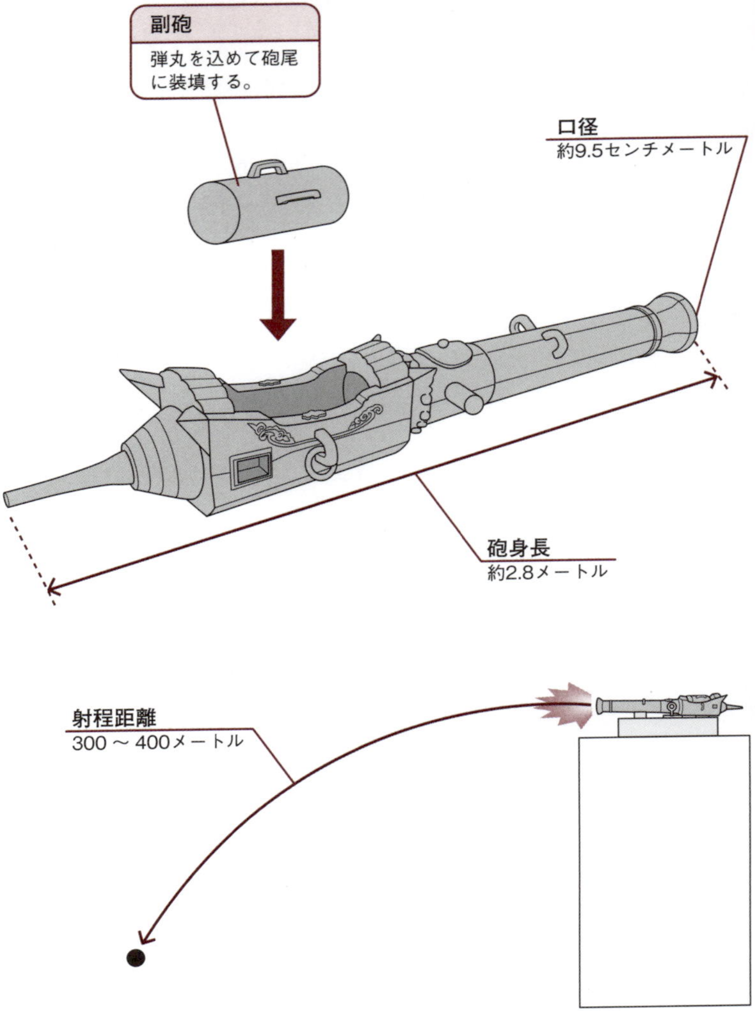
副砲
弾丸を込めて砲尾に装填する。
口径
約9.5センチメートル
砲身長
約2.8メートル
射程距離
300 ～ 400メートル

関連項目

●日本で最初の大砲は？→No.032
●「抱え大筒」とはどういう大砲か？→No.034

No.034

「抱え大筒」とはどういう大砲か？

戦国末期に登場した小型の大砲が「抱え大筒」という火砲だ。現代の感覚からすれば小火器に分類されそうな兵器だが、火縄銃よりも口径は大きく、重量もあり、形状も大砲に近かった。

●江戸時代最大の反乱で使われた大砲

日本で最初の大砲は、戦国時代の「国崩し」だが、戦国時代末期には「抱《かか》え大筒《おおづつ》」と呼ばれる大砲もあった。

抱え大筒は前装式の大砲で、口径が30～40ミリメートル、砲身は90センチメートルほどの長さだったと伝えられる。重量は８～10キログラムほどだった。

文字どおり１人の兵士が脇に抱えて使用した兵器で、火縄銃と大砲の中間に位置する兵器である。

抱え大筒は側面に火薬を入れる薬皿があり、火縄を使って薬皿の火薬に点火して砲撃した。

抱え大筒の砲弾には鉄弾が使われた。一説によれば「棒火矢《ぼうひや》」と呼ばれる長さ65センチメートル、重量４キログラムほどの矢のようなものも使ったとする話もある。また、地面に据え付けて、現代の迫撃砲のように使うこともあったという。

抱え大筒は1637年に勃発した島原の乱で使用されたとされる。当時の日本は、火縄銃が伝来してすでに100年ほどがたっており、両軍とも銃を使った銃撃戦が展開され、このとき抱え大筒も使用された。

また、国崩しとほぼ同様の構造である「石矢《いしや》」と呼ばれる大砲もあった。石矢は青銅製の後装砲で、国崩しと同様に砲弾を込めた副砲を装着して砲撃したが、反乱軍が使った石矢は作りが粗雑だったのか、あるいは老朽化していたのか、１発砲撃しただけで砲身が破裂してしまい、使用不能となってしまった。

抱え大筒と砲弾

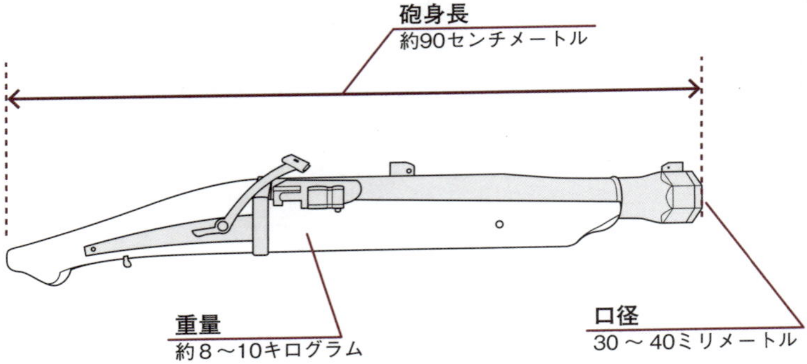
砲身長
約90センチメートル
重量
約８～10キログラム
口径
30 ～ 40ミリメートル

30匁玉
重さ約112グラム、直径約1.3センチメートルの鉛の玉。
100匁玉
重さ約375グラム、直径約4センチメートルの鉛の玉。

抱え大筒の構えと射程距離

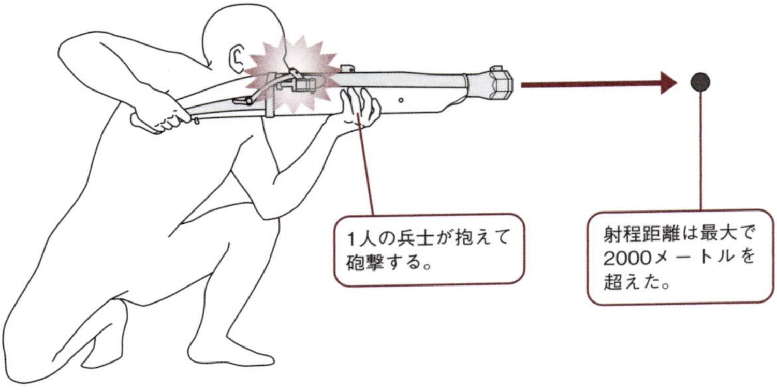
1人の兵士が抱えて砲撃する。
射程距離は最大で2000メートルを超えた。

関連項目

●日本で最初の大砲は？→No.032
●迫撃砲が軽量・コンパクトな理由は？→No.036

No.035

榴弾砲とは？

炸薬を入れた砲弾が発明され、その砲弾を発射するための大砲が開発された。それを榴弾砲というが、従来のカノン砲とはどういう違いがあったのだろうか。

●榴弾砲とカノン砲との違い

17世紀に発明された榴弾とは、砲弾の内部に炸薬を入れ、導火線などを使って、着弾時や目標物の上空で砲弾を破裂させるものである。榴弾は、実体弾とは違って直接砲撃ではなくても効果を得られたので、間接砲撃用の大砲として、榴弾砲が開発された。

間接砲撃を主としたため、カノン砲よりも射角は高かったが、射程が短くて済んだため、砲身長も短くなった。

こうした特徴から、榴弾砲は直接照準で砲撃できないときに使われる。

19世紀に使われた口径が117ミリメートルのカノン砲と榴弾砲を比べてみると、砲身は117ミリカノン砲が1.98メートル、榴弾砲が1.34メートルである。砲身の重さはカノン胞が796キログラム、榴弾砲が356キログラムと半分以下。砲弾の重量はカノン砲が5.5キログラム（発射薬1.1キログラム）に対して、榴弾砲は4キログラム（発射薬0.45キログラム）だ。射程距離はカノン砲が1520メートルで、榴弾砲が980メートルとなっている。以上の数字からもわかるが、榴弾砲はカノン砲よりも軽くコンパクトなのである。

榴弾砲は構造上、カノン砲より命中率は悪かったが、榴弾を発射することでカノン砲ではできない面制圧に効果があった。

発明当初は砲弾の種類の違いと、間接砲撃か直接砲撃かの違いによって、カノン砲と榴弾砲は分類されていた。

しかし、時代が下って技術力が向上すると、射角をつけたカノン砲が登場し、またどちらの大砲でも榴弾を砲撃できるようになった。そのため、19世紀以降は、砲身長が30口径未満の短砲身の大砲を榴弾砲、30口径以上の長砲身の大砲をカノン砲と呼ぶようになった。

榴弾砲とカノン砲の違い

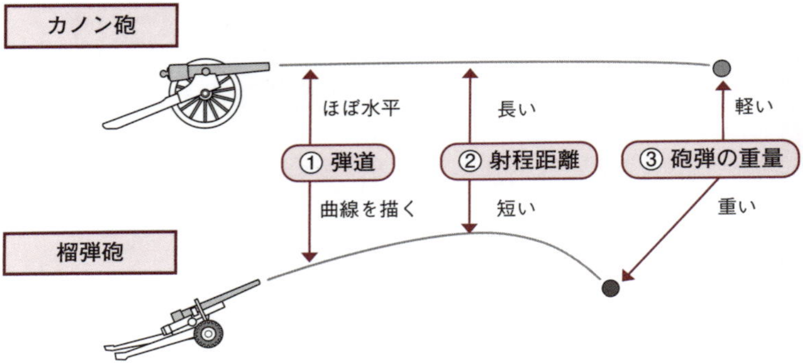
カノン砲
ほぼ水平
長い
軽い
① 弾道
② 射程距離
③ 砲弾の重量
曲線を描く
短い
重い
榴弾砲

同口径の榴弾砲とカノン砲の比較

●砲身長と重量

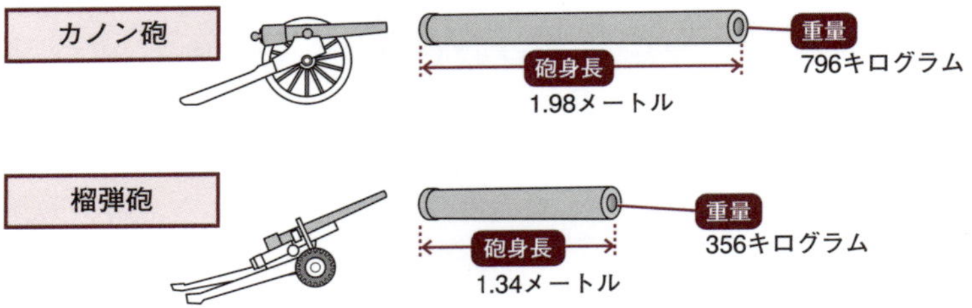
カノン砲
砲身長
1.98メートル
重量
796キログラム
榴弾砲
砲身長
1.34メートル
重量
356キログラム

●砲弾の重さと射程距離

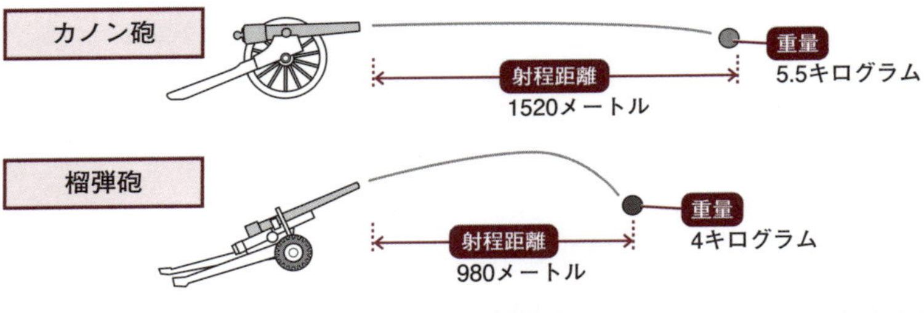
カノン砲
射程距離
1520メートル
重量
5.5キログラム
榴弾砲
射程距離
980メートル
重量
4キログラム

関連項目

●「カノン砲」は時代によって分類法が違う？→No.029
●実体弾と榴弾の違いとは？→No.014

No.036

迫撃砲が軽量・コンパクトな理由は？

17世紀に開発された携帯型の臼砲を元祖とする迫撃砲は、20世紀以降も主要な大砲として使われ続けた。ここでは迫撃砲の特徴と、代表的なものを説明していく。

●携帯性に優れた火砲

迫撃砲は臼砲の一種で、1669年にオーストリアの砲兵少佐ホルストが開発した携帯型の臼砲が、迫撃砲の元祖となったとされる。

迫撃砲は高角発射を特徴とする大砲で、ほかの同口径の大砲に比べると軽量かつコンパクトであり、携帯性に優れている。そのため、砲兵ではなく歩兵が扱う場合が通常である。口径は81ミリメートルか120ミリメートルが一般的である。

迫撃砲が軽いのは、射角が高く、砲撃時の反動を地面に吸収させる仕組みになっており、駐退復座機がついていないからである。また、迫撃砲は後装式が主流になった20世紀でも珍しい前装式であり、そのため閉鎖機の取り付けも不要となり、そのぶん軽量化できたのだ。

代表的な迫撃砲にアメリカ製の「M２ 60ミリメートル迫撃砲」がある。この迫撃砲は分解可能で、砲弾とともに３人で運ぶことができた。口径は60ミリメートル、砲身長は72.6センチメートルだ。照準具つきの２脚の支持架で砲身を支え、砲尾のほうには砲撃した際に砲身が地面にめり込まないように頑丈な床板を敷いている。支持架には砲身の高低を変えて射角を調整するハンドルと、左右に動かすハンドルがついている。

また、迫撃砲用の砲弾には、有翼砲弾と呼ばれる砲弾を使うのも特徴のひとつだ。有翼砲弾とは、弾道を安定させるとともに、着弾時に砲弾が垂直になるようにするために、砲弾の下部に「翼」といわれる装置をつけた砲弾である。ほかに、白煙を発生させる煙弾や、地上を明るく照らす照明弾などを使うこともある。

迫撃砲の特徴

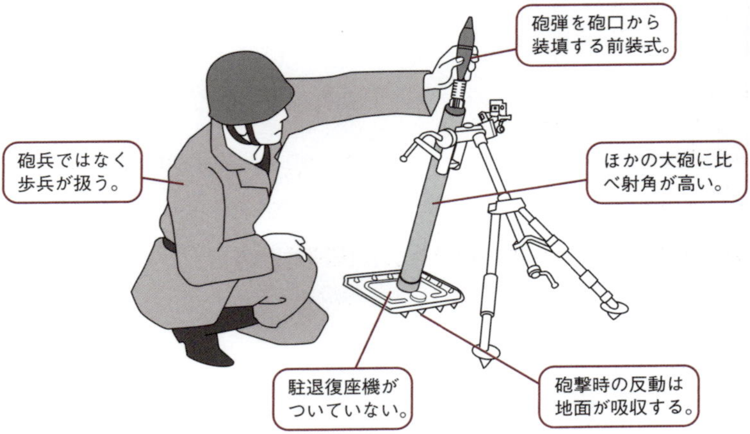
砲弾を砲口から
装填する前装式。
砲兵ではなく
歩兵が扱う。
ほかの大砲に比
べ射角が高い。
駐退復座機が
ついていない。
砲撃時の反動は
地面が吸収する。

M2 60ミリメートル迫撃砲

■アメリカ製
■1920年代製作

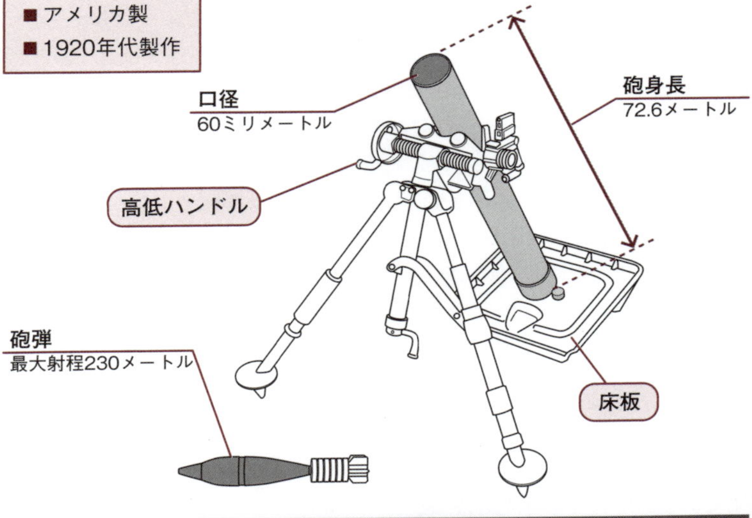
口径
60ミリメートル
砲身長
72.6メートル
高低ハンドル
砲弾
最大射程230メートル
床板

関連項目

●攻城戦に活躍した「臼砲」とは？→No.030
●発射時の反動はどう吸収する？→No.010

No.037

大砲を規格化した「グリボーヴァルシステム」とは？

発明以来、大砲は同一国内でさえ規格が定まっておらず、さまざまなタイプの大砲が作られていた。こうした要領の悪さを改善したのが、フランスのグリボーヴァルシステムだった。

●多様性のあった大砲を規格化した画期的技術

中世から近世初頭にかけて、大砲は規格化されておらず、ひとつひとつに特徴があるのが普通だった。16世紀のイタリアでは、ミラノ城に200以上の大砲が備え付けられていたが、同種のタイプはほとんどなく、200通りのタイプの装填具が必要だったという。また、大砲が発明されてから、砲身の長さや砲弾の大きさなどで大砲を分類することは行われてきたが、たとえば同じ12ポンド砲でも、それが野戦で使われるか要塞で使われるかで、目的や役割は違ってくる。

そこで、ルイ16世統治下のフランス海軍の砲兵指揮官・グリボーヴァル中将は、18世紀中頃、大砲を砲の形式や砲弾の大きさではなく、役割別に分類することにした。つまり､大砲を「野砲」「要塞砲」「攻城砲」「海岸砲」の4つに分類して、それぞれの砲兵の専門化を図ったのである。

また、グリボーヴァルは大砲の規格標準化にも大きな役割を果たした。従来の大砲は規格が一定ではなかったため、砲身や砲架などが壊れると、1台ずつ修理が必要だった。

そこでグリボーヴァルは大砲を、野砲は8ポンド砲、4ポンド砲、6インチ榴弾砲に、重砲は24ポンド砲、16ポンド砲、12ポンド砲、8ポンド砲に、臼砲も4種類に規格化し、それぞれの部品もなるべく同一のものを使うようにして、壊れても取り替えが容易になるように工夫した。また、グリボーヴァルは野砲に関して、砲身の重量を弾丸の150倍、砲身の長さを口径の18倍とし、弾丸の重さも定めた。これらは当時としては画期的な考え方であった。実際に日本では、第二次世界大戦まで陸軍と海軍では大砲の規格が違っていたという。

グリボーヴァルの分類

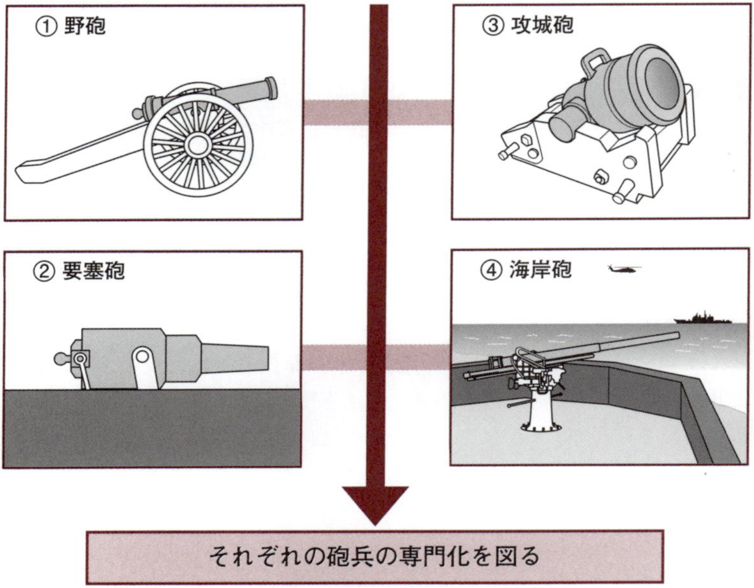
① 野砲
③ 攻城砲
② 要塞砲
④ 海岸砲
それぞれの砲兵の専門化を図る

グリボーヴァルの野砲

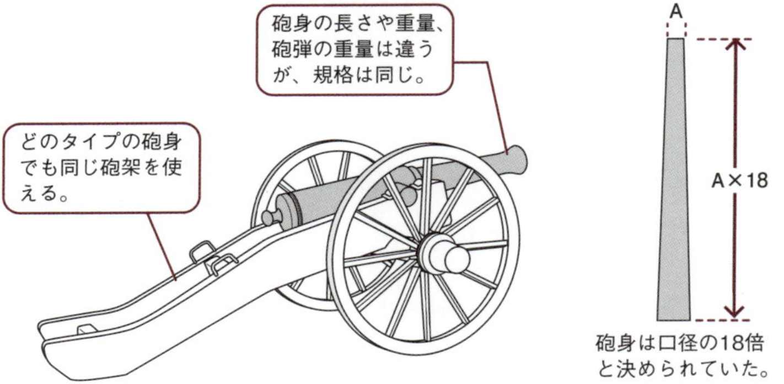
砲身の長さや重量、砲弾の重量は違うが、規格は同じ。
どのタイプの砲身でも同じ砲架を使える。
A
A×18
砲身は口径の18倍と決められていた。

関連項目

●初期の大砲はどうやって作っていたか？→No.008
●大砲はどう分類されるか？→No.001

No.038

虎の形をした臼砲「デグ」とは？

18世紀のインドの王国・マイソール王国で作られた「デグ」という臼砲は、虎の形を模したという、一風変わった形をしていた。どのような形をしていて、どれほどの威力があったのだろうか？

●インドで作られた変わった臼砲

武器や防具に紋章をつけたり、文様を彫り込んだりすることは、ヨーロッパではごく普通に行われていた。火砲が登場して戦場に持ち込まれると、銃や大砲にも同じように装飾されるようになる。15世紀後半以降、大砲が鉄製から青銅製になると、火砲に装飾を施すことが流行した。青銅製は腐食しにくく、加工も容易にできたからだ。

装飾が施されるようになって大砲も派手になっていったが、なかでも変わっているのが、18世紀後半にマイソール王国（現在のインド南部にあった王国）で作られた「デグ」といわれる臼砲だろう。

当時のインド地方にはイギリスが進出し、インド全土の植民地化をめざしていた。マイソール王国も何度もイギリスと軍事衝突を繰り返しながら、かろうじて独立を保っていた。

そんな時代の1782年に王位についたのが、ティープー・スルターンである。その勇猛さから「マイソールの虎」とあだ名されたティープーは対英戦に没頭し、軍事の近代化を図った。その過程で製作されたのがデグだったといわれる。

デグは口径が240ミリメートルの青銅製の臼砲で、砲身は約500ミリメートル、総重量は150キログラム程度だったとされる。一体成形の前装式の臼砲である。

そして、このデグのなによりの特徴は、その外見である。虎の形を模して作られて、口から砲弾を発射するようになっているのだ。２本の前脚を立てて身構えているような格好で、２本の後ろ脚は座ったままの状態なので、２本の前脚で射角を作っているわけだ。また、砲尾には、丁寧に尻尾まで装飾されていた。

マイソール王国の領土

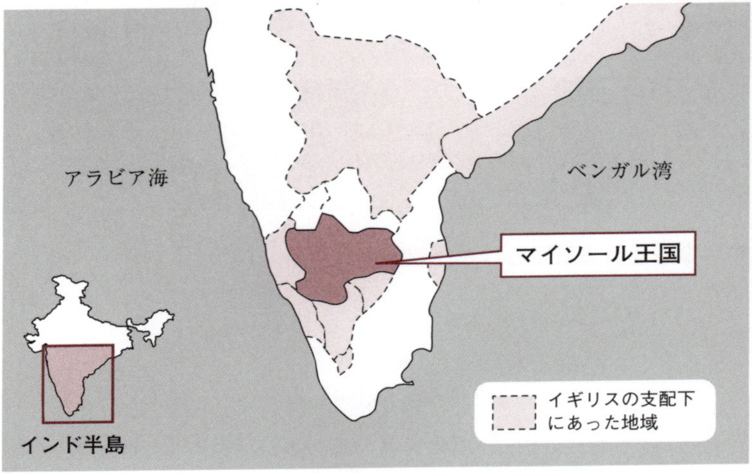
アラビア海
ベンガル湾
マイソール王国
インド半島
イギリスの支配下
にあった地域

デグ

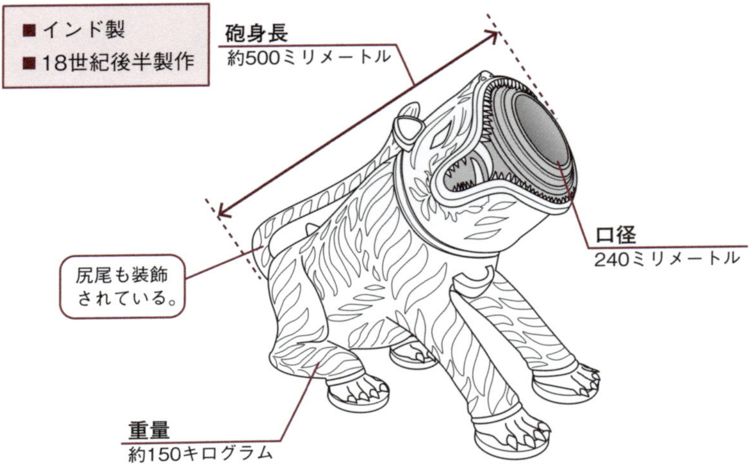
■インド製
■18世紀後半製作
砲身長
約500ミリメートル
口径
240ミリメートル
尻尾も装飾
されている。
重量
約150キログラム

関連項目

●攻城戦に活躍した「臼砲」とは？→No.030
●初期の大砲はどうやって作っていたか？→No.008

No.039

ライフル砲登場前の主力砲「ナポレオン砲」とは？

クリミア戦争、アメリカ南北戦争で猛威を振るった大砲が「ナポレオン砲」である。命中精度が心もとない滑腔砲ではあったが、多種の砲弾を使用できるため当時としては画期的な大砲だった。

●ナポレオン３世にちなんだ前装式滑腔砲

フランスとロシアが戦ったクリミア戦争（1853年）で、フランス軍が使用して活躍した大砲を、「ナポレオン砲」と称する。正式名称を「12センチメートル榴弾砲M1853」といい、1853年にフランスのナポレオン３世が採用したので、ナポレオン砲と呼ばれるようになった。口径12センチメートル、砲身167.6センチメートルの前装式滑腔砲で、総重量は1200キログラムだった。「12ポンド砲」と名付けられているが、砲弾重量は９ポンド（約4.1キログラム）だった。

重量が１トンを超えるため、運搬にはけん引係８名、馬12頭、御者６名が必要とされ、砲撃時には砲手８名が必要だった。しかし、それではあまりに非実戦的だったため、少人数で扱えるように厳しい訓練が施されたという。

ナポレオン砲の最大の特徴は、実体弾、榴弾、榴散弾、ぶどう弾の４種類の砲弾を発射できることだった。射程距離は、実体弾が1480メートル、榴弾が1188メートル、榴散弾とぶどう弾が1038メートルで、発射速度は１分間に２発だった。

おもに使われた砲弾には、弾の内部に火薬が詰められた榴弾、対人用の榴散弾であるキャニスター弾、小さな鉄弾を詰め込んだぶどう弾などがある。それまでのグリボーヴァルシステムが、実体弾だけを使用していたことを考えると、かなりの進歩であった。

ナポレオン砲は、アメリカ南北戦争でもっとも使われた大砲であり、ゲスティバーグの戦いでは、北軍360門中142門がナポレオン砲だったといわれている。

ナポレオン砲

■フランス製
■19世紀中頃製作

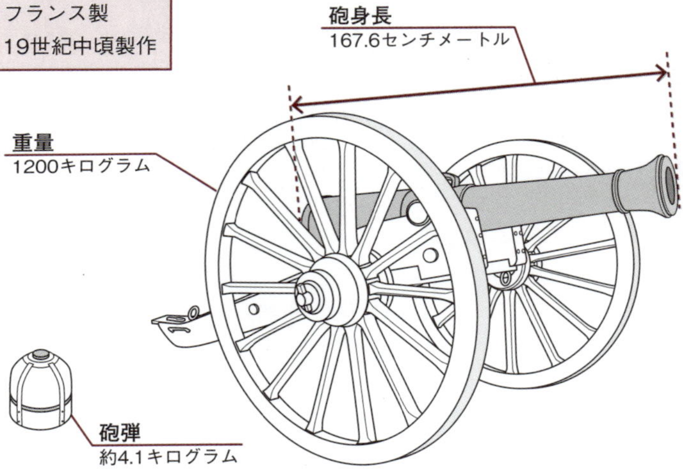

ナポレオン砲の射程距離

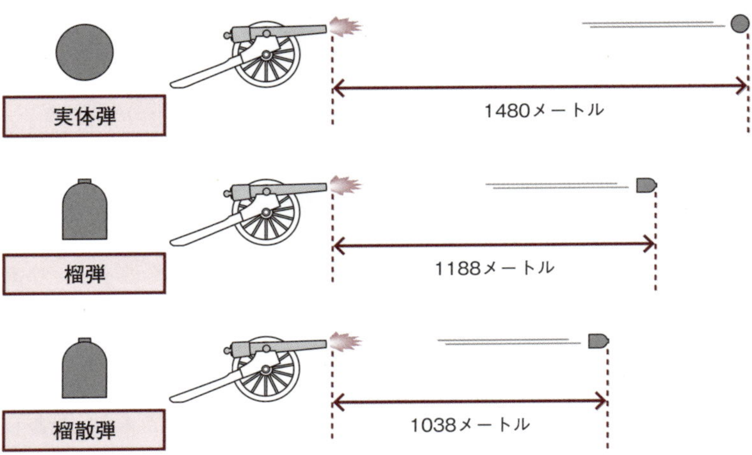

関連項目

●命中率を飛躍的に上げた仕組みとは？→No.009
●実体弾と榴弾の違いとは？→No.014

No.040

世界最大級のマレット臼砲は使われなかった?

前装式で、基本的に据え付け型の臼砲は、ほかの大砲と違って砲撃の衝撃による砲身後退の心配がない。そのため大型化が可能であり、総重量が40トンを超える巨大なものも誕生した。

●世界最大級の臼砲の登場

1853年、オスマン帝国・イギリス・フランス連合軍対ロシア帝国によるクリミア戦争が勃発した。連合軍は合計約6万5000人の兵士と大砲124門、ロシア軍は約5万人と大砲96門という陣容だった。しかし、戦線は膠着したため、1855年3月、イギリスのエンジニア、ロバート・マレットが、新型の臼砲の開発を当時の首相パーマストン卿に進言した。戦況の打開策を求めていたパーマストン卿は、すぐさま兵站部に開発の指示を出した。この臼砲を、設計者の名前をとって「マレット臼砲」という。

マレット臼砲は、口径が36インチ（約914ミリメートル）、砲身長が11フィート（約335.3センチメートル）、総重量が42トンを超える巨大な臼砲だった。ほかの臼砲と比較すると、クーホルン臼砲が砲身長45.7センチメートルで重量が0.074トン、巨大臼砲として知られるディクテーターが砲身長134.6センチメートルで重量7.8トンであるから、マレット臼砲の大きさがわかるだろう。

前装式の臼砲で、砲弾は完全に球状のものが使用された。

砲弾の重量は、2352ポンドから2940ポンド（約1067〜1334キログラム）にも達し、発射薬（装薬）だけでも480ポンド（約217.7キログラム）が必要だった。最大射程距離は2523メートルで、1時間に4発の発射が可能だった。1トンを超える砲弾を使うため、人力では装填できず、滑車を使った装置で砲弾を持ち上げて装填することになっていた。

しかし、開発会社の倒産などのアクシデントや巨大さゆえの開発の難しさもあり、クリミア戦争には間に合わなかった。完成したのはクリミア戦争が終わったあとの1858年で、結局マレット臼砲が戦場で使われることはなかった。

マレット臼砲とその他の臼砲との比較

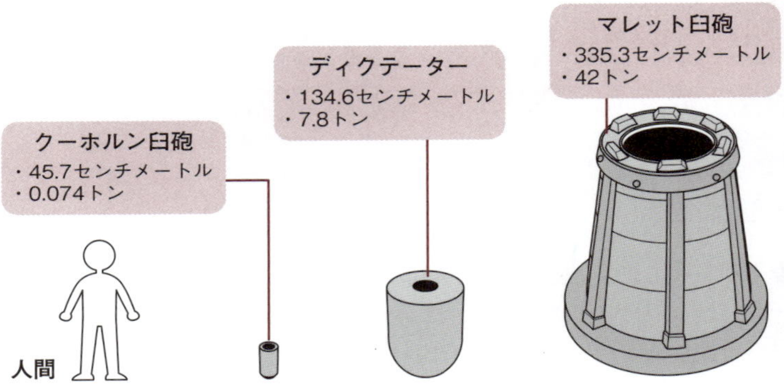
クーホルン臼砲
・45.7センチメートル
・0.074トン
ディクテーター
・134.6センチメートル
・7.8トン
マレット臼砲
・335.3センチメートル
・42トン
人間

マレット臼砲

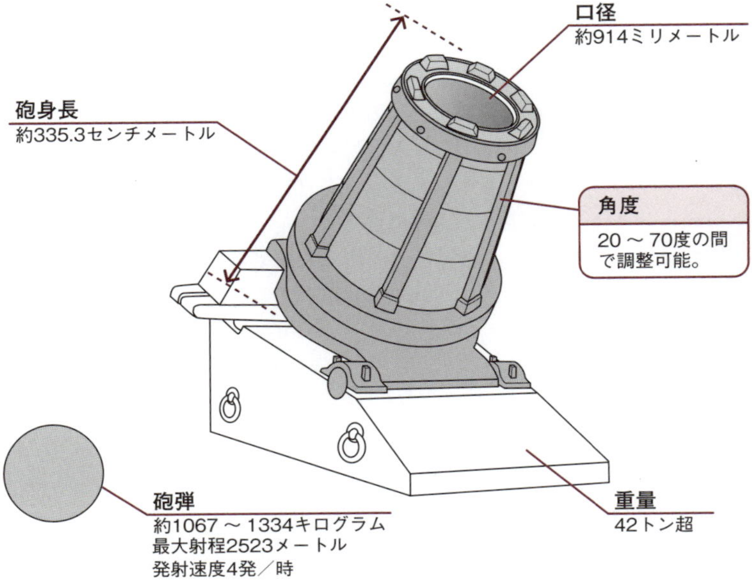
口径
約914ミリメートル
砲身長
約335.3センチメートル
角度
20 ～ 70度の間
で調整可能。
砲弾
約1067 ～ 1334キログラム
最大射程2523メートル
発射速度4発／時
重量
42トン超

関連項目

●攻城戦に活躍した「臼砲」とは？→No.030
●南北戦争で使用された巨大臼砲「ディクテーター」とは？→No.047

No.041

西南戦争で使われた弥助砲とは？

幕末の日本で起こった内乱では、多くの火砲が使用された。その多くは海外からの輸入品だったが、なかにはそれらに手を加えた半国産の大砲もあった。「弥助砲」と呼ばれる大砲もそのひとつである。

●12ドイム臼砲を改良した大砲

幕末から明治時代初期にかけて、日本で使用された臼砲に「12ドイム臼砲」がある。12ドイム臼砲は、19世紀中頃にオランダで開発された、前装式の大砲である。ドイムとはオランダの単位で、１センチメートルと同じだ。口径は12センチメートル、砲身長は27センチメートルの小型臼砲である。青銅製だったため鋼鉄製あるいは鉄製の臼砲よりも軽く、総重量は70キログラム程度だったので、１人でも携行が可能だった。ただし、砲撃時には２～３人の協力が必要だった。

砲床を設けて発射する仰角45度固定の滑腔砲で、最大射程距離は約700メートル、装薬の量を増減することで射程距離を調整した。砲弾は球形の鉄弾で、専用の炉で熱したホットショット（焼夷弾）が使用された。ホットショットとは、赤熱させた砲弾のことだ。

この12ドイム臼砲を薩摩藩が改良して19世紀後半に作製したものが、「弥助砲」と呼ばれる「青銅十二斤綫臼砲」だ。この臼砲は、日本初の純国産臼砲といわれている。弥助とは、開発者の大山巌の通称からとられた。

青銅十二斤綫臼砲と12ドイム臼砲はスペックとしては変わらないが、12ドイム臼砲が据え付け式だったのに対し、青銅十二斤綫臼砲は砲身と車輪つきの砲架を一体化してあった。つまり、より機動力を高めたわけだ。

弥助砲には青銅十二斤綫臼砲以外にも長四斤山砲があり、こちらも薩摩藩が作ったもので、フランス製の四斤山砲の砲身を長めに改良した青銅製の大砲である。口径86.5ミリメートルの前装式ライフル砲で、砲身長は約146センチメートルと、フランス製の四斤山砲より50センチメートルほど砲身が長い。射程距離は1600メートルだったとされるが、長四斤山砲が戦場で使われることはなかった。

12ドイム臼砲と弥助砲

●12ドイム臼砲

■オランダ製
■19世紀中頃製作

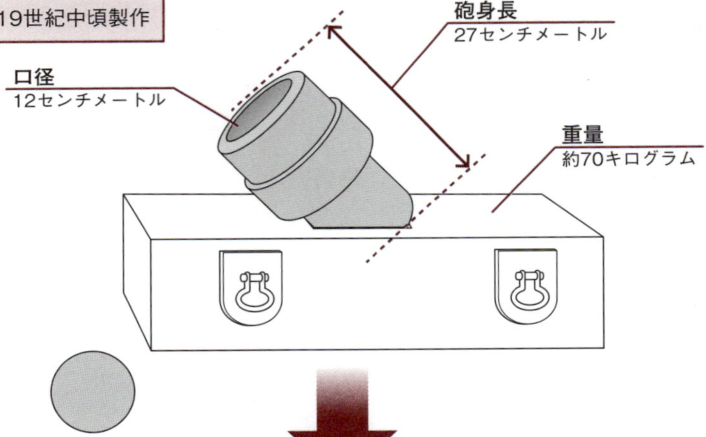
砲身長
27センチメートル
口径
12センチメートル
重量
約70キログラム

●弥助砲

■日本製
■19世紀後半製作

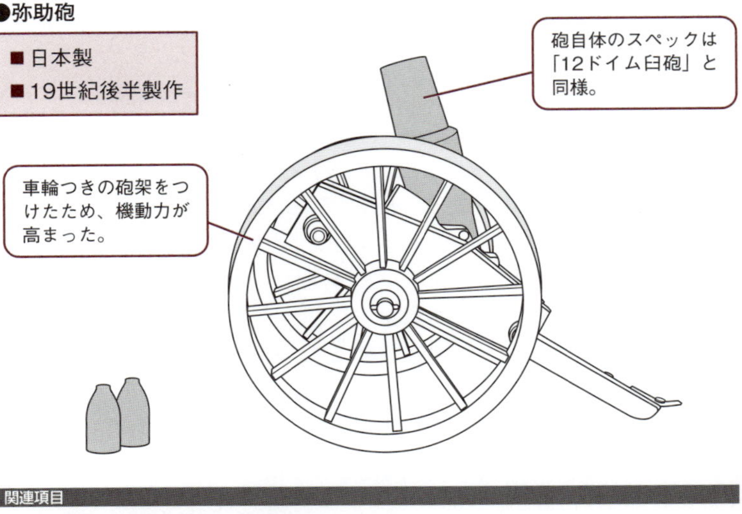
砲自体のスペックは「12ドイム臼砲」と同様。
車輪つきの砲架をつけたため、機動力が高まった。

関連項目

●攻城戦に活躍した「臼砲」とは？→No.030
●鉄球弾を赤熱させた砲弾とは？→No.016

No.042

幕末日本の主力砲「四斤山砲」とは？

幕末から明治にかけて日本で使われた主要な大砲に「四斤山砲」というものがある。前装式のライフル砲だった四斤山砲とは、どのような大砲だったのだろうか。

●薩摩藩が使ったフランス製の施条砲

四斤山砲《よんきんさんぽう》は、1859年にフランスで開発された前装式、青銅製のカノン砲である。フランスでは「４ポンド山砲」と呼ばれており、日本では「１ポンド＝１斤」だったため、「四斤」と名づけられた。砲弾の重量は約1.8キログラムである。

四斤山砲は、砲身内にライフリングが施されたライフル砲である。口径は86.5ミリメートル、砲身長は11口径（約95.2センチメートル）で、総重量は218キログラムほどだった。

側面に12個の亜鉛製の鋲《びょう》（スタッド）を取り付けた砲弾を使い、スタッドをライフリングに沿わせることで発射時に砲弾に回転を加えた。射程距離は2600メートルほどだったといわれる。

四斤山砲の射撃は、照準手１名、砲手３名の４人態勢で行われた。左１番、右２番が砲弾と装薬など火薬を運搬・装填し、右１番が弾を込め、そして照準手が照準と着火を担当した。前装式だったので、砲口から砲身内のライフリングに沿わせて砲弾を装填するのには慎重を期した。点火するときは、火門から「きり」で薬嚢を刺して穴を開け、摩擦管を差し入れて、それを引っ張って摩擦熱によって火をつけた。

四斤山砲の長所は、運搬が楽になったことも挙げられる。砲架を分解すれば未整備道路でも馬２頭で運搬が可能で、それが江戸時代に道路整備を幕府に制限されていた諸藩に都合がよかった。幕府も輸入して使用していたが、薩摩藩は四斤山砲を購入して研究し、集成館で薩摩藩オリジナルの四斤山砲を作り上げた。それが、フランス式より砲身の長い「長四斤山砲」と呼ばれるものである。

四斤山砲

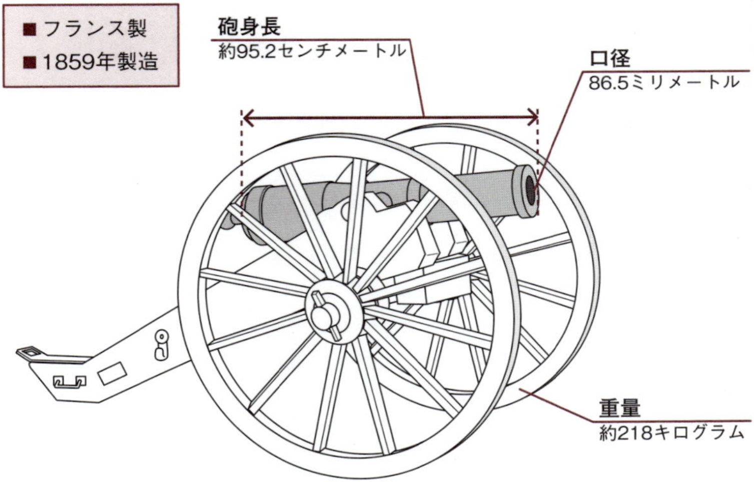
■フランス製
■1859年製造
砲身長
約95.2センチメートル
口径
86.5ミリメートル
重量
約218キログラム

四斤山砲の運用

右1番
砲弾と火薬の装填を担当。
右2番・左1番
砲弾と火薬の運搬を担当。
照準手
照準と着火を担当。

関連項目

●命中率を飛躍的に上げた仕組みとは？→No.009
●前装式の点火方法とは？→No.005

No.043

アメリカで作られた「パロット砲」とは?

19世紀に起こったアメリカの南北戦争では、ナポレオン砲はじめ多くの大砲が使用された。ここでは、ナポレオン砲とともによく使われた「パロット砲」を紹介する。

●10ポンド砲から300ポンド砲まで製作

ライフル砲の製作が技術的に可能になると、各国はそれまでの滑腔砲にライフリングを施してライフル砲を作りはじめるようになった。そして1860年、アメリカではじめからライフル仕様で設計されたパロット砲が開発された。

パロット砲は鉄製の前装式のライフル砲で、従来の大砲よりも砲尾が薄いのが特徴である。その代わりに、砲尾を強化するためとして、細い錬鉄を芯金にコイル状に巻き、これを叩いて癒着させて筒にして、その筒の内側を切削して砲尾の寸法に合わせて、それを砲尾にかぶせた。砲尾を肉厚に作るよりも価格的には安く作ることが可能となり、それにしたがい生産性も増した。しかし、そのような被覆物で強化しても、一体成形で砲尾を肉厚にした大砲の強度には劣り、従来よりも砲身破裂が起きやすいというマイナス面もあった。とはいえ、価格的な安さと生産性の高さは大きなアドバンテージとなり、南北戦争(1861～1865年)がはじまるとパロット砲は大量に製作されるようになった。戦時中の5年間で、1700門のパロット砲を作った鋳造工場もあったというほどで、パロット砲はアメリカで標準のライフル砲となったのである。

パロット砲には10ポンド砲や100ポンド砲など数種類が製作された。10ポンドパロット砲は口径76.2ミリメートル、砲身188センチメートル、総重量816キログラム、射程距離は約1800メートルだった。1863年のサムター要塞の戦いでは300ポンド砲という巨大なパロット砲が、要塞から6キロメートル以上も離れた場所から使用された。300ポンドパロット砲は口径254ミリートル、砲身396.2センチメートル、総重量1万2200キログラムだった。

料金受取人払郵便

新宿支店
承認

54

差出有効期間
平成26年1月
11日まで

郵便はがき

1 6 0-8 7 9 1

343

（受取人）

東京都新宿区
新宿1-9-2-3F

株式会社
新紀元社
行

●お手数ですが、本書のタイトルをご記入ください。

●この本をお読みになってのご意見、ご感想をお書きください。

愛読者アンケート

小社の書籍をご購入いただきありがとうございます。
今後の企画の参考にさせていただきますので、下記の設問にお答えください。

●本書を知ったきっかけは？

□書店で見て　□（　　　　　　　　　　　　　　　）の紹介記事、書評
□小社ＨＰ　□人にすすめられて　□その他（　　　　　　　　　　　　）

●本書を購入された理由は？

□著者が好き　□内容が面白そう　□タイトルが良い　□表紙が良い
□資料として　□その他（　　　　　　　　　　　　　　　　　　　　　）

●本書の評価をお教えください。

内容：□大変良い　□良い　□普通　□悪い　□大変悪い
表紙：□大変良い　□良い　□普通　□悪い　□大変悪い
価格：□安い　□やや安い　□普通　□やや高い　□高い
総合：□大変満足　□満足　□普通　□やや不満　□不満

●定期購読新聞および定期購読雑誌をお教えください。

新聞（　　　　　　　　　　　）　月刊誌（　　　　　　　　　　　）
週刊誌（　　　　　　　　　　）　その他（　　　　　　　　　　　）

●あなたの好きな本・雑誌・映画・音楽・ゲーム等をお教えください。

●その他のご意見、ご要望があればお書きください。

ご住所	都道府県	男 女	年齢	歳	ご職業（学校名）	
お買上げ書店名						

新刊情報などはメール配信サービスでもご案内しております。
登録をご希望される方は、新紀元社ホームページよりお申し込みください。
http://www.shinkigensha.co.jp/

パロット砲

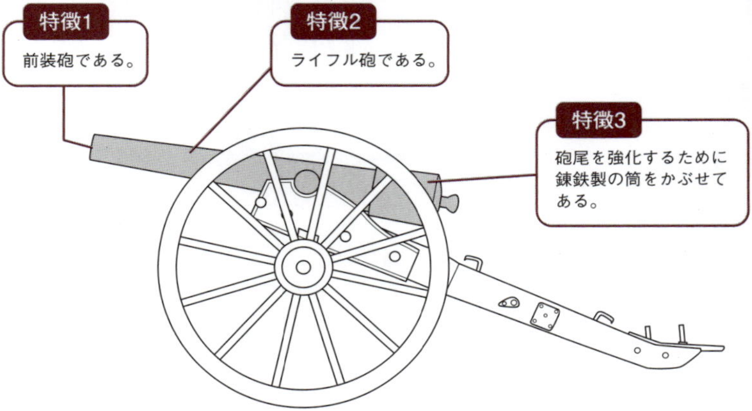
特徴1
前装砲である。
特徴2
ライフル砲である。
特徴3
砲尾を強化するために錬鉄製の筒をかぶせてある。

300ポンドパロット砲

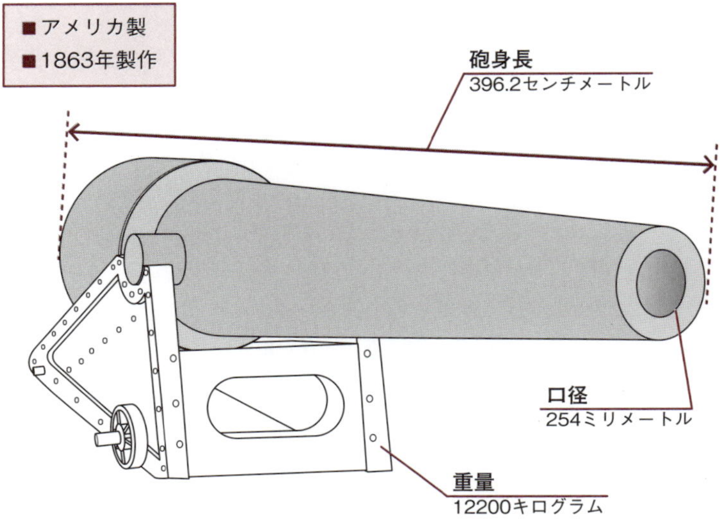
■アメリカ製
■1863年製作
砲身長
396.2センチメートル
口径
254ミリメートル
重量
12200キログラム

関連項目

●命中率を飛躍的に上げた仕組みとは？→No.009

No.044

連続砲撃を可能にした「ガトリング砲」とは？

幕末から明治維新にかけて日本でも使われた機関砲に、「ガトリング砲」がある。口径３センチメートルの砲身を数本束ね合わせて連射を可能にしたガトリング砲とはどんなものだったのか？

●幕末の日本でも使われた機関砲

19世紀の後半になって、後装式の大砲や砲身の反動を抑える駐退機が開発されたことによって、大砲の性能は格段と上がり、砲弾を連続して発射できる大砲の要求が高まった。

それに応える形で開発されたのが、機関砲だった。

最初期の機関砲として知られるのが、1861年にアメリカで作られた「ガトリング砲」である。

ガトリング砲は全長が約108センチメートル、口径は数種類あり初期のものは約３センチメートルほどだった。重量は27.2キログラムで、毎分150～200発を砲撃できた。1866年にはアメリカ軍が制式採用し、幕末の日本でも長岡藩がいちはやく導入した。

ガトリング砲は２輪の砲架に載せられ、円筒形に結合された６～10本の銃身と弾薬の供給機関を組み合わせたもので、ハンドルを手動で操作して砲身を回転させる仕組みになっている。そして、最上部で給弾、最下部で発射する動作を自動で繰り返すことで連射を可能にした。

しかし、操作する兵士の射撃姿勢が高くなってしまうため、狙撃の的になりやすいという欠点と、１分間に200発もの砲弾を使用するため、弾薬の補給が困難というデメリットがあった。

重量があったガトリング砲は歩兵兵器としては重すぎて、逆に砲兵兵器としては口径が小さく破壊力に欠けていたが、連発機構という発想は画期的で、やがてマキシム式のQF２ポンド砲（ポンポン砲）やホッチキス速射砲などの単銃身機関砲が生まれる。また、ガトリング砲のような多銃身回転式は、単銃身よりも高速連発が可能だったため、その方式はのちのバルカン砲に受け継がれた。

ガトリング砲

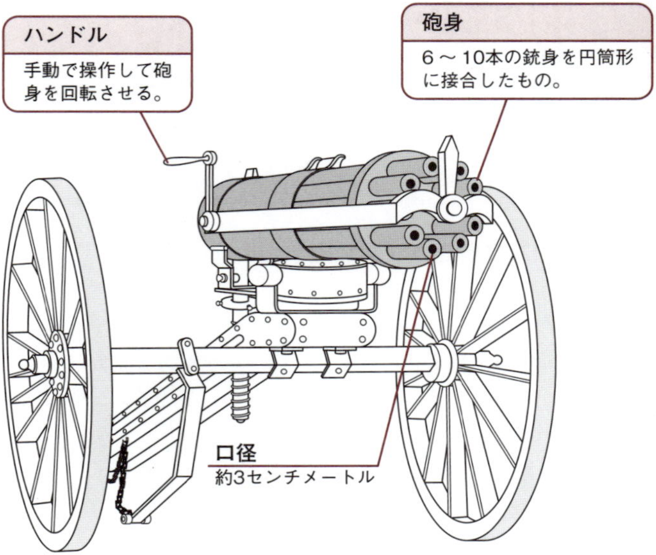
ハンドル
手動で操作して砲身を回転させる。
砲身
6～10本の銃身を円筒形に接合したもの。
口径
約3センチメートル

ガトリング砲の欠点

欠点1

ほかの大砲と比べると射撃姿勢が高いため、標的になりやすい。

欠点2

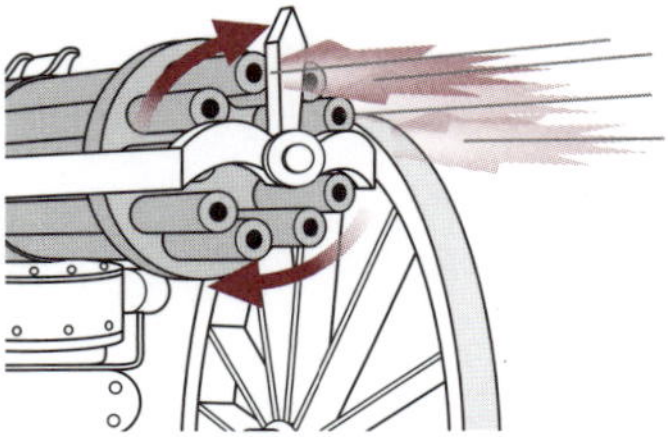

1分間に200発もの砲弾を消費するため、弾薬の補充が困難。

関連項目

●一斉射撃を可能にした「オルガン砲」とは？→No.025
●艦載砲の二次的砲、艦載速射砲とは？→No.076

No.045

イギリスで開発された「アームストロング砲」とは？

アメリカの南北戦争時代の主力大砲であり、のちに幕末日本にも輸入されて有名になった「アームストロング砲」とは、どのような大砲だったのだろうか。

●幕末の日本を震撼させた大砲

アームストロング砲は19世紀半ば、イギリスのアームストロングが開発した後装式の大砲で、アメリカ南北戦争（1861～1865年）で主力大砲として使用されたライフル砲だ。鎖栓という器具を垂直に落とし込んで砲尾を閉め、その鎖栓をパイプ状の栓（尾栓）で押さえつけて、砲尾を密封した。

イギリス海軍は薩英戦争（1863年）でアームストロング砲を使用しており、薩摩藩や佐賀藩がその威力を実感して日本にも導入された。戊辰戦争（1868年）で新政府軍が使用したアームストロング砲は、6ポンドの野戦砲で、口径は2.5インチ（約63.5ミリメートル）、砲身長は60インチ（約152.4センチメートル）で、総重量は約250キログラムと、四斤山砲よりも軽かった。

アームストロング砲に使われる砲弾は、鉄製の長形弾で、鉛で覆われていた。砲弾を鉛で被覆することで砲身内の溝に密着しやすくなり、そのために従来に比べて射程距離が伸び、精度も向上した。最大射程は3600メートルだった。

砲弾を装填するときは、まず尾栓をゆるめて鎖栓を上に引き上げる。尾栓は空洞になっていて、そこから砲弾と装薬を装填し、鎖栓を落とし込んで、尾栓を締めつける。

鎖栓には火管と発火薬が仕込まれていて、火管に差し込んだ摩擦管を引き抜くと発火薬が燃焼して、それが鎖栓内部を通って装薬に点火する。引火した装薬が爆発して、砲弾が発射された。

しかし、アームストロング砲が採用した垂直式の鎖栓では完全に密封できない場合も多く、戦場でも不具合を起こすことが多かったという。

アームストロング砲

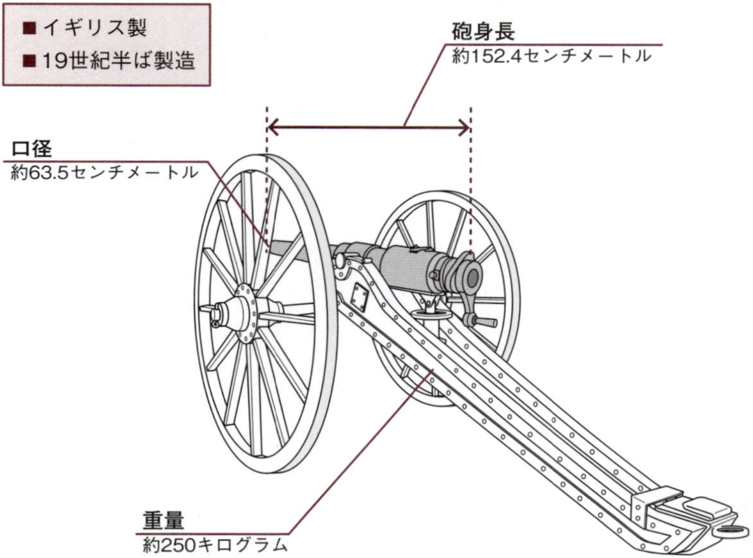
■イギリス製
■19世紀半ば製造
砲身長
約152.4センチメートル
口径
約63.5センチメートル
重量
約250キログラム

アームストロング砲の閉鎖機

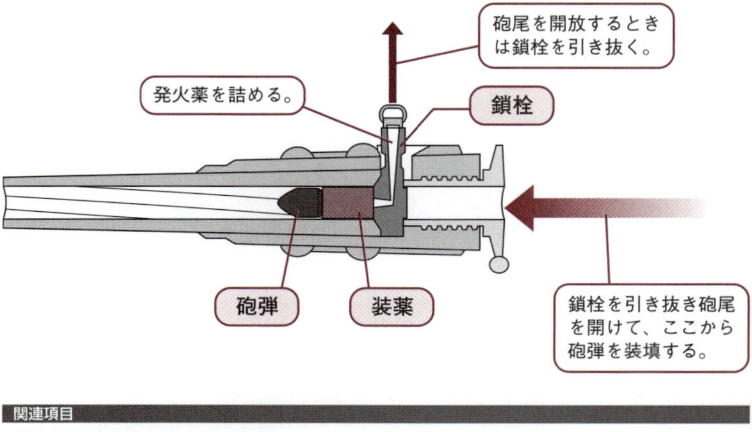
砲尾を開放するときは鎖栓を引き抜く。
発火薬を詰める。
鎖栓
砲弾
装薬
鎖栓を引き抜き砲尾を開けて、ここから砲弾を装填する。

関連項目
●前装式の点火方法とは？→No.005
●閉鎖機とは何か？→No.011

No.046

鉄道のレールを走る「列車砲」とは？

鉄道の技術が発達すると、鉄道に搭載して使用する大砲が登場した。それを文字どおり「列車砲」というが、列車砲とはどのようなものだったのだろうか。

●列車砲はドイツ軍が進歩させた

19世紀中葉頃から鉄道は目覚しい発展を遂げ、物資や人員を大量輸送するための道具として活躍するようになった。当然ながら兵器の輸送にも鉄道は使われるようになる。

そして、列車砲という、文字どおり列車に搭載された大砲が登場した。列車砲はレールの上を移動できるため、レールさえあればどこへでも移動可能だ。搭載した大砲は、とても馬や自動車などでは運べないような、戦艦の主砲くらい大型の臼砲やカノン砲が一般的だった。

はじめて列車砲を使用したのはアメリカ軍とされる。南北戦争末期の1864年、ピーターズバーグを包囲した北軍が使用した。北軍が用意した列車砲は口径が13インチ（約33センチメートル）で、重さ32ポンド（約14.5キログラム）の砲弾を発射できる臼砲だった。これはただの臼砲を列車に載せただけだったが、意外な活躍を見せたため、ヨーロッパ諸国も模倣するようになった。

そして、列車砲を格段に進歩させたのはドイツだった。第一次世界大戦では口径210ミリメートル、最大射程120キロメートルの「パリ砲」（1917年完成）を開発し、パリ市民を恐れさせた。パリ砲から発射された砲弾は、高度4万メートルにも達したという。砲身長が36メートルにも及んだパリ砲は、砲身を水平にすることができ、水平にした状態で砲弾を装填した。

また、列車砲の傑作といわれたのが、ドイツが1939年に完成させた後装式の列車砲「28センチK5（E）列車砲」だ。回転台の上に載せられ、360度旋回が可能で、最大で62.4キロメートルの射程距離を誇った。口径283ミリメートルで、砲身長は21.5メートル、砲身だけでも約85トンの重量があった。ドイツで制式採用され、ドイツ降伏まで使用された。

パリ砲

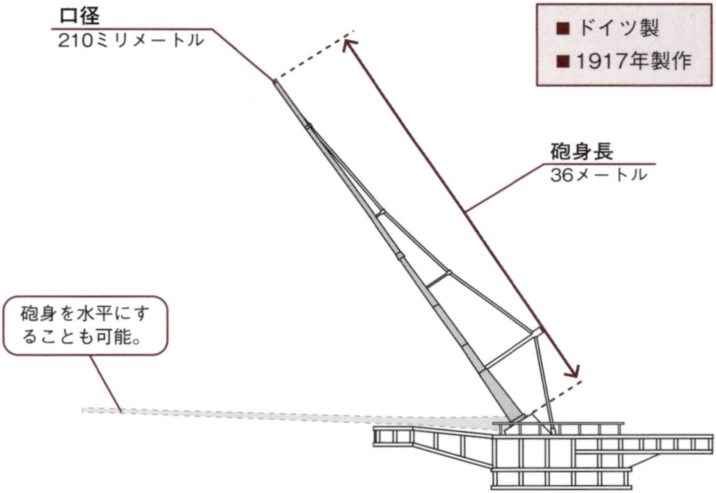
口径
210ミリメートル
■ドイツ製
■1917年製作
砲身長
36メートル
砲身を水平にすることも可能。

28センチK5(E)列車砲

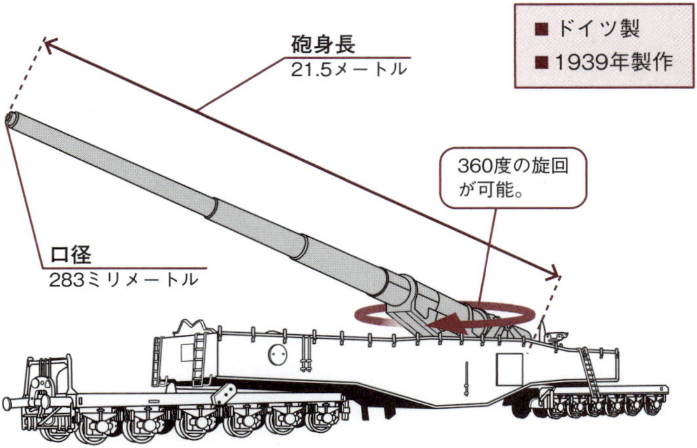
■ドイツ製
■1939年製作
砲身長
21.5メートル
360度の旋回が可能。
口径
283ミリメートル

関連項目

●攻城戦に活躍した「臼砲」とは？→No.030
●南北戦争で使用された巨大臼砲「ディクテーター」とは？→No.047

No.047

南北戦争で使用された巨大臼砲「ディクテーター」とは？

約100キログラムという超重量の砲弾を発射した、巨大な大砲が「ディクテーター」と呼ばれる臼砲だ。この大砲はアメリカの南北戦争で使われたが、どれほどの威力をもっていたのだろうか。

●7800キログラムもあった巨大臼砲

19世紀になって、それまで青銅製だった臼砲は鉄製に変わった。臼砲が鉄製に変わるタイミングでアメリカで開発されたのが、「ディクテーター」という巨大臼砲だった。南北戦争（1861～1865年）のときには、列車砲として使用された。なお、「ディクテーター」は通称で、正式には「13インチ列車臼砲」という。

ディクテーターは、前装式の滑腔砲で、口径が13インチ（約330ミリメートル）、砲身長が53インチ（約134.6センチメートル）である。総重量が7800キログラムという非常に重量のある臼砲であり、220ポンド（約99.7キログラム）という巨大な球形の炸裂弾を発射した。

ディクテーターは前装式の大砲だったため、約100キログラムもある砲弾を装填するには、砲弾を滑車で釣り上げて臼砲の砲口から装填するという方法が用いられたという。

約100キログラムの砲弾を45度という高角度で発射するディクテーターは、それでも約4000メートルという射程距離を実現した。しかし、南北戦争で北軍将軍として戦ったクインシー・ギルモアは、1マイル（1600メートル）を超えると命中率は不正確になるといっており、有効射程距離は1マイルが限界だったようだ。

また、ディクテーターは総重量が7800キログラムという超重量砲であったため移動は大変だった。そのため、車輪がついた台の上に載せられて、列車用のレールを走らせて移動させた。これが、のちの列車砲の開発を促したといわれている。

ディクテーター

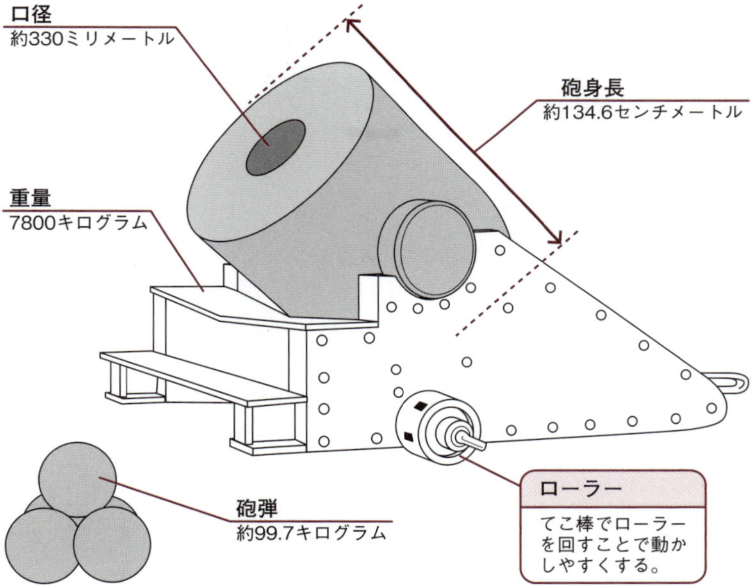
口径
約330ミリメートル
砲身長
約134.6センチメートル
重量
7800キログラム
砲弾
約99.7キログラム
ローラー
てこ棒でローラーを回すことで動かしやすくする。

ディクテーターの運用

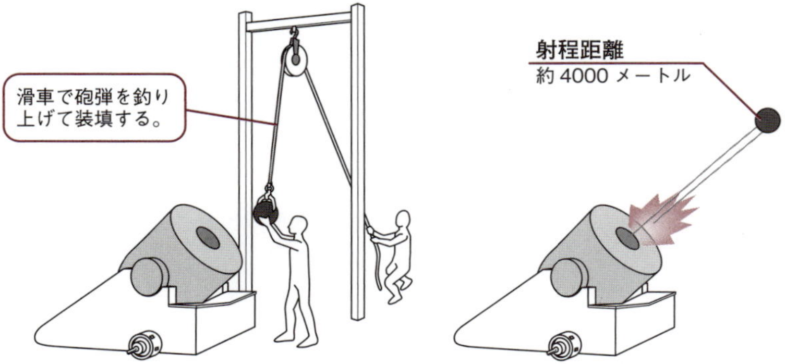
滑車で砲弾を釣り上げて装填する。
射程距離
約 4000 メートル

関連項目

●鉄道のレールを走る「列車砲」とは？→No.046
●攻城戦に活躍した「臼砲」とは？→No.030

No.048

要塞砲・沿岸防備砲の砲塔は？

要塞や沿岸を防備するための大砲を「要塞砲」または「沿岸防備砲」と呼んだ。敵の攻撃から守るために、砲塔という鉄製の囲いで覆われていたが、ここでは３種類の砲塔を紹介する。

●代表的な砲塔にはどんなものがあるか？

大砲は攻撃だけでなく防御用の兵器としても活躍した。とくに後装砲が開発されると、砲弾を装填するのにわざわざ砲口側までいく必要がなくなり、大砲を固定して要塞や沿岸を防備する兵器として重用された。これを沿岸防備砲、あるいは要塞砲と呼んだ。これらの特徴は、野砲に比べて砲口が大きく、砲自体や砲弾を要塞の中に保管できたため、重量も重く作ることができた点である。

要塞砲・沿岸防備砲は、敵の攻撃から砲手や砲を守るために、たいていは鉄製の囲いで覆われており、これを砲塔という。砲塔は構造によっていくつかに分類され、代表的なものに「トーチカ式砲塔」「隠顕砲塔」「回転砲塔」がある。

「トーチカ式砲塔」は、要塞の壁に穴を開けてそのすき間から砲撃する仕組みになっていて、砲架を左右に旋回することができた。トーチカ式砲塔は、第二次世界大戦のときにフランスがマジノ線で使ったことで知られる。

「隠顕砲塔」は、大砲を壁のくぼみに据え付け、砲撃時のみ砲架を起こし、使わないときはくぼみの中にしまって敵に見えないようにした。

「回転砲塔」は、砲口部分だけが見え、鉄製のドーム状のふたのようなものに覆われている。この方式も、第二次世界大戦のときにフランスによってマジノ線で使われた。

日本では幕末期から導入され、さまざまな大砲が要塞砲として使われた。海防用として最初に採用された要塞砲が、八十斤カノン砲である。この砲は口径が223ミリメートル、砲身長が300センチメートル、総重量が6100キログラムの前装砲だった。

隠顕砲塔

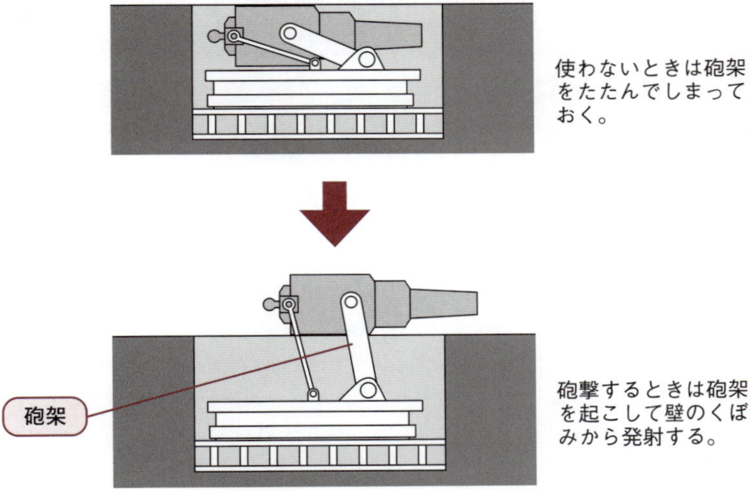
使わないときは砲架をたたんでしまっておく。
砲架
砲撃するときは砲架を起こして壁のくぼみから発射する。

トーチカ式砲塔

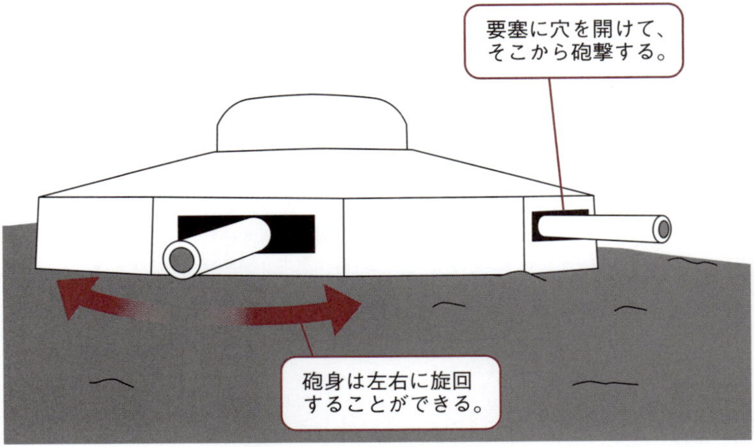
要塞に穴を開けて、そこから砲撃する。
砲身は左右に旋回することができる。

関連項目

●後装式が主流にならなかった理由は？→No.007

No.049

砲身後座式砲にはどんなものがあったのか？

砲撃時の衝撃で砲身自体の後退を抑えるために開発されたのが、「駐退復座機」という装置である。20世紀に入ってからは、この装置を取り入れた大砲が主流となるが、ここでは初期の駐退復座機つきの大砲を見ていく。

●M1897　3インチ野砲とQF18ポンド砲

駐退復座機を使って砲身だけを後退させる大砲を、砲身後座式砲という。1897年にフランスがこの構造の「M1897　3インチ野砲」を開発して以来、各国で砲身後座式の大砲を導入するようになり、現在においても火砲の基本構造のひとつとなっている。M1897　3インチ野砲は口径が3インチ（約76.2ミリメートル）、砲身2.7メートル、総重量1544キログラム、1分間に15発の砲撃が可能であった。

イギリスでは、旧式の大砲に駐退復座機を取り付けて対応していたが、自国製の砲身後座式の大砲「18ポンドカノン砲」を開発し、1904年にこれを制式採用した。18ポンドカノン砲は別名を「QF18ポンド砲」といった。この大砲は口径が3.3インチ（約83.8ミリメートル）と同時期の他国のものより大きかった。総重量は1200キログラムを超え、砲身は92.6インチ（約2.35メートル）で、最大で1分間に20発の砲撃が可能だった。イギリスの18ポンドカノン砲はその後もさらなる改良が加えられながらも、基本構造は変わらずに第二次世界大戦まで使われ続けた。

日本での最初の砲身後座式砲は「三八式野砲」である。口径は75ミリメートル、砲身は約2.3メートル、総重量は947キログラムで、1分間に20発を砲撃することができた。三八式野砲ははじめドイツのクルップ社が製作し、1905年（明治38）に最初の1門が届いたため、この名がついた。日本がこの大砲を制式採用したのは1907年であり、他国よりも2〜3年ほど遅かった。

アメリカでは第一次世界大戦が起こると、同盟国であるフランスから1900門の「M1897　3インチ野砲」を購入し、自国で同砲を生産しながら第二次世界大戦を迎えている。

各国初期の砲身後座式砲

●M1897 3インチ野砲

■フランス製
■1897年製作

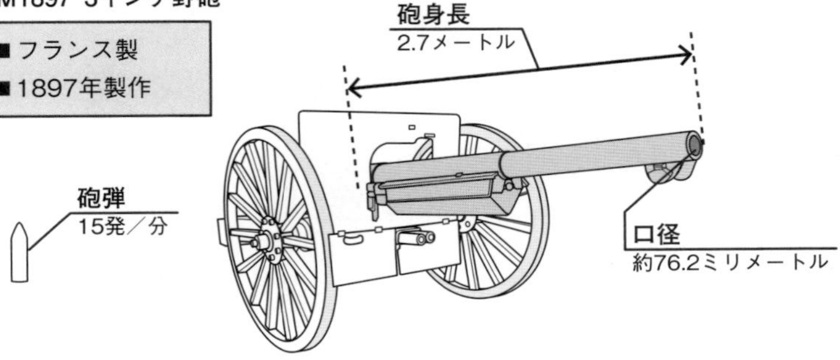
砲身長
2.7メートル
砲弾
15発／分
口径
約76.2ミリメートル

●QF18ポンド砲

■イギリス製
■20世紀はじめ製作

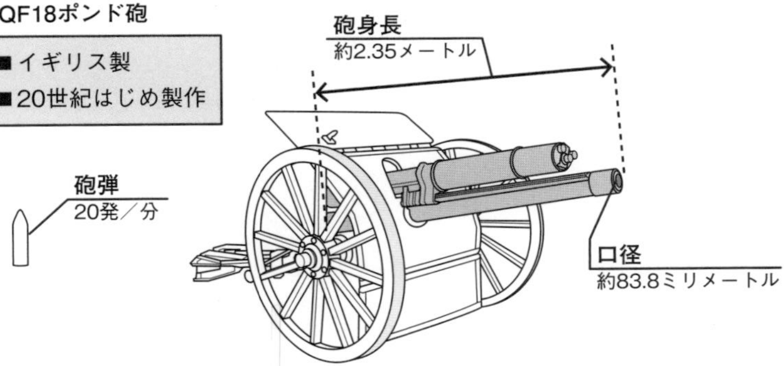
砲身長
約2.35メートル
砲弾
20発／分
口径
約83.8ミリメートル

●三八式野砲

■日本製
■20世紀はじめ製作

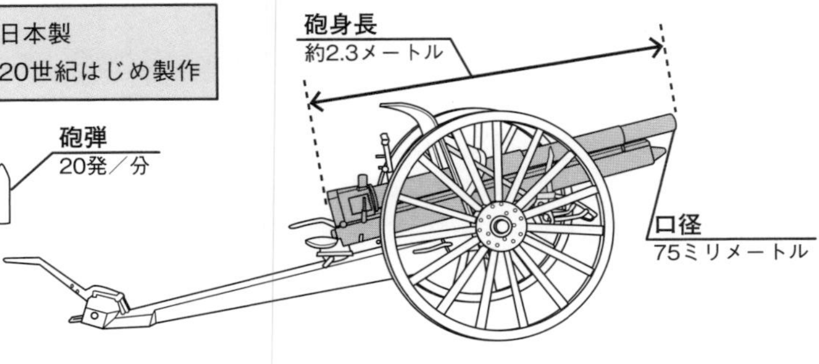
砲身長
約2.3メートル
砲弾
20発／分
口径
75ミリメートル

関連項目
●発射時の反動はどう吸収する？→No.010

No.050

日露戦争の日本側の主力砲とは？

火砲に関しては後進国だった明治時代の日本だが、明治維新後40年もたたないうちに強国ロシアと戦わなければならなくなった。その後の日本に大きな影響を残した日露戦争で、日本軍はどういう大砲を使ったのか？

●日本初の無煙火薬使用の大砲

明治時代になって対外戦争を視野に入れなければならなくなった日本では、大砲の開発が急務だった。そこで開発されたのが、「三十一年式速射砲」と呼ばれる大砲である。

三十一年式速射砲は、野砲と山砲の２種類があり、1898年（明治31年）に日本陸軍が制式採用したために、この名がついた。野砲は口径75ミリメートル、全長2.2メートル、重量が908キログラムの後装砲である。最大射程距離は6200メートルだったが、のちに砲架を改良して射角をとれるようになったことで、最大射程は7750メートルまで伸びた。

三十一年式速射山砲は、口径は野砲と同じ75ミリメートルで、最大射程距離は4600メートル。重量は330キログラムと、野砲の半分以下である。砲身も若干短くなり、全長が約２メートルほどだった。

三十一年式速射砲の最大の特徴は、黒色火薬ではなく無煙火薬を使った日本最初の大砲である点だ。無煙火薬とは、爆発したときに煙の発生を極力抑えた火薬のことである。欧米ではすでに1880年代から無煙火薬が使用されていたが、軍事後進国だった日本では、1893年にドイツから製造機械を購入して本格生産をはじめたばかりだった。

黒色火薬を使っていた従来の大砲の場合、砲撃のあとに砲身内部の煤《すす》を取り除かなければならなかったが、三十一年式はその作業を省けるようになったことで格段に速く砲撃できるようになった。

とはいえ、この大砲には簡単な駐退機しか設置されていなかったため、発射速度は１分間に約３発程度で、「速射砲」というにはお粗末なもので、単発砲と速射砲の中間的な火砲といえる。

三十一年式速射野砲と山砲

●野砲

■ドイツ製
■1898年製作
■最大射程：7750メートル

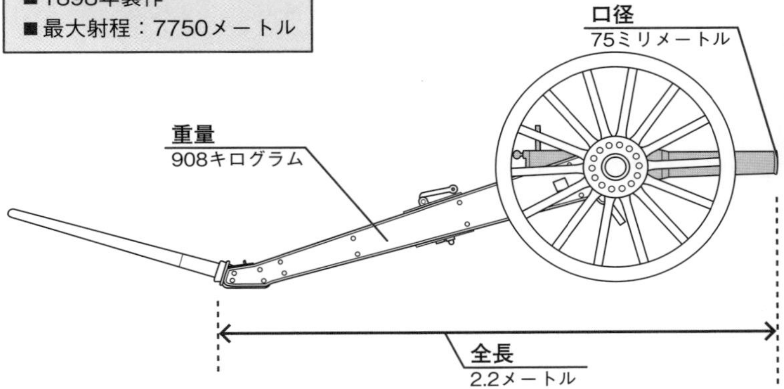

●山砲

■ドイツ製
■1898年製作
■最大射程：4600メートル

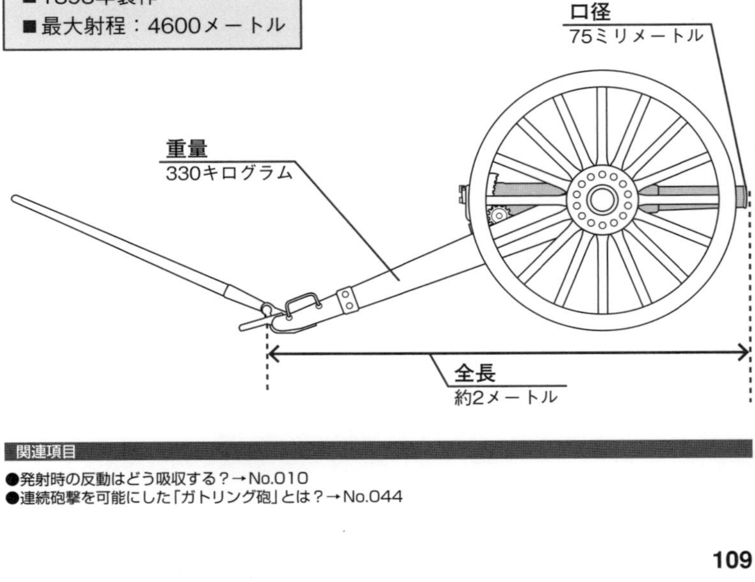

関連項目

●発射時の反動はどう吸収する？→No.010
●連続砲撃を可能にした「ガトリング砲」とは？→No.044

No.051

日本を脅かしたロシアの3インチ野砲とは？

日露戦争勃発の直前、日本では速射砲の完成を見た。その情報を得たロシアでは、特急で速射砲の開発が進められた。そして完成したのが、「3インチ野砲」だった。

●日露戦争のために急造した大砲

1900年前後、日本とロシアは清国をめぐって対立関係にあった。そして、日本が速射砲を採用したという情報を得たロシアは、すぐさま新しい大砲の導入を図った。それが、「3インチ野砲（M1900 76ミリメートル野砲）」である。

3インチ野砲は口径が3インチ（約76ミリメートル）、砲身長が90インチ（約2.3メートル）、総重量1350キログラムの後装砲である。その後、この野砲に改良が加えられ、ロシアではじめての駐退復座機搭載の大砲となる「M1902 76ミリメートル野砲」が完成した。射程距離は8500メートル、発射速度も1分間に10～12発を砲撃することが可能であり、日本の三十一年式速射野砲より性能は高かった。

日露戦争の砲撃戦は、日本の三十一年式速射野砲と、ロシアの3インチ野砲との戦いであり、砲撃戦においてはロシア側が優勢だった。

3インチ野砲は1930年頃まで使われ、その後、ソビエト連邦の時代になって改修され、1932年に「M1902／30　3インチ野砲」として再び採用された。

この野砲は、口径と重さは以前の「3インチ野砲」と変わらなかったが、砲身長は120インチ（約3.0メートル）に伸びた。そして砲架を改良することで射角を17度から37度まで増やし、その結果、射程距離は約13300メートルとついに10キロメートルを超えた。また、それまでの3インチ野砲と違い、徹甲弾を発射できるようになったため、破壊力も増した。

ただし、発射速度については改良できず、相変わらず1分間に10～12発が限界であり、1936年にF-22野砲が発明されると役目を終え、その後は予備兵器となっている。

3インチ野砲と三十一年式速射野砲との比較

●3インチ野砲（M1900 76ミリメートル野砲）

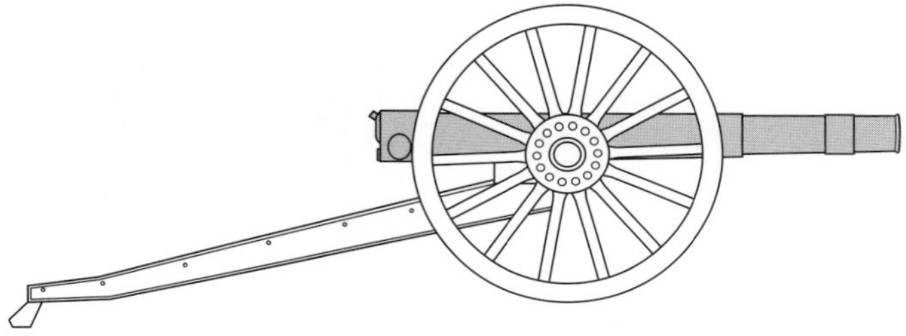

●三十一年式速射野砲

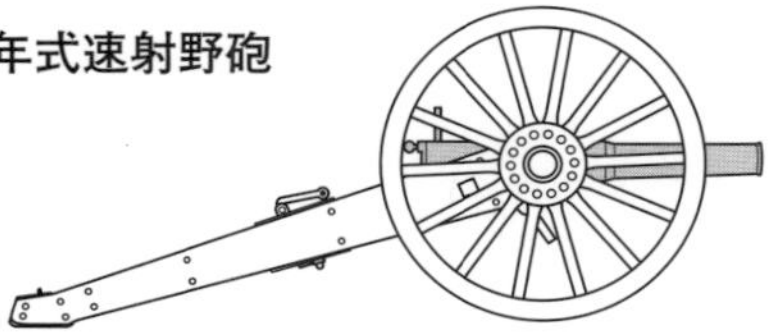

3インチ野砲（M1900 76ミリメートル野砲）
砲身だけで
約2.3メートル
1分間に10発
8500メートル
砲身長
発射速度
射程距離
全長で
2.2メートル
1分間に2 ～ 3発
7750メートル
三十一年式速射野砲

関連項目

●日露戦争の日本側の主力砲とは？→No.050
●発射時の反動はどう吸収する？→No.010

No.052

山岳地帯でも使用可能な「パラシュート砲」とは？

大砲は、運搬の困難さから山岳地帯で使えないことがひとつの欠点だった。そこで、これに対応するために開発されたのが「パラシュート砲」と呼ばれる大砲だった。

●カノン砲を軽量化した大砲

大砲の攻撃力は戦争の様相を一変させたが、大砲にはその重量のため山岳地帯まで運べないという弱点があった。そこで、山岳地帯でも使えるように、ロバに載せられるくらい軽量のカノン砲が開発された。のちには、ロバではなくヘリコプターなどの航空機で搬送するようになり、それをパラシュート砲、あるいは駄載砲という。

代表的なパラシュート砲に、イギリスの「10ポンド山砲」がある。1901年頃に制式採用されたこの山砲は、口径2.75インチ（約7センチメートル）、砲身72.4インチ（約184センチメートル）の前装式で、総重量は874ポンド（約400キログラム）。4.5キログラムの砲弾を最大5500メートル遠くまで砲撃できた。そして、ロバで運べるように、だいたい200ポンドずつの4つに分解することができた。この10ポンド山砲は、第一次世界大戦の初期までメインの山砲として使われた。

アメリカでも、「M116 75ミリメートル榴弾砲」という似たような大砲が、1927年頃開発された。口径2.95インチ（約7.5センチメートル）、砲身47.2インチ（約120センチメートル）の後装砲で、総重量は720キログラム。120キログラム前後の6つに分解して、動物に載せて運ぶことができた。射程距離は10ポンド山砲より3000メートル長い8925メートルだった。

日本でも同様のカノン砲が研究され、「九二式歩兵砲」として完成し、1932年に制式採用された。口径は7センチメートル、砲身79センチメートル、総重量204キログラムと、かなりの軽量型だっだ。射程は2745メートル、砲弾も3.8キログラム程度で、10ポンド山砲に比べると威力は劣った。九二式歩兵砲も3つの部品に分解でき、平地では人力で搬送された。

パラシュート砲の特徴

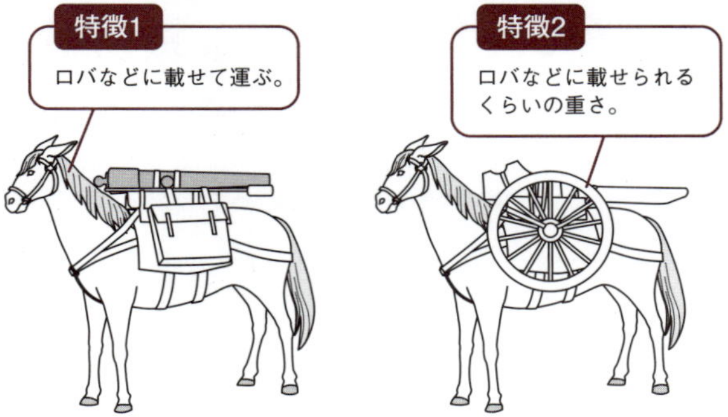
特徴1
ロバなどに載せて運ぶ。
特徴2
ロバなどに載せられる
くらいの重さ。

代表的なパラシュート砲

●10ポンド山砲

■イギリス製
■1901年製作

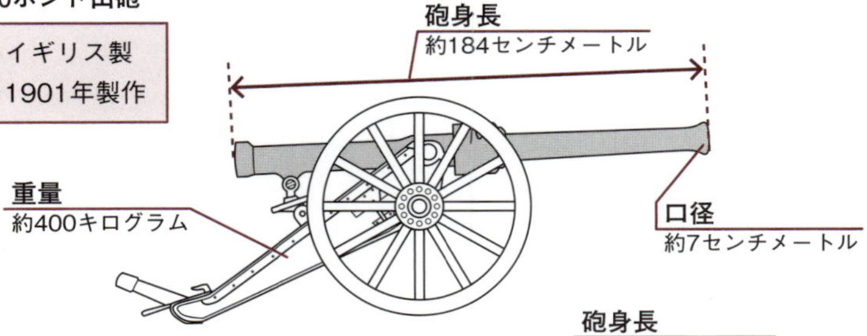
砲身長
約184センチメートル
重量
約400キログラム
口径
約7センチメートル

●九二式歩兵砲

■日本製
■1932年製作

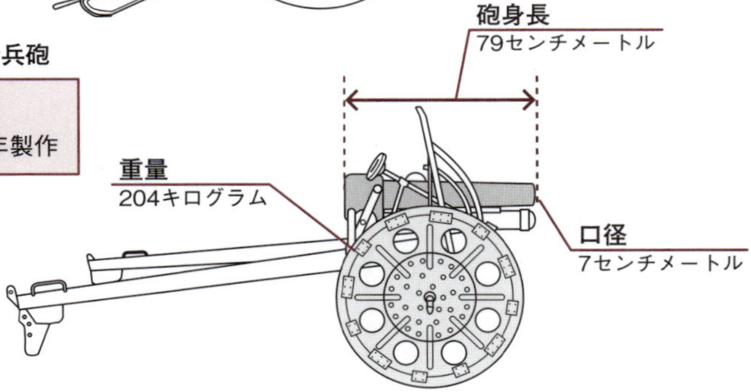
砲身長
79センチメートル
重量
204キログラム
口径
7センチメートル

関連項目

●幕末日本の主力砲「四斤山砲」とは？→No.042
●イギリスで開発された「アームストロング砲」とは？→No.045

No.053

第一次大戦で使われた有名な榴弾砲とは？

発明以来、陸軍の主力兵器となった榴弾砲は、その後もさまざまなタイプのものが開発された。どのような榴弾砲があったのか、代表的な榴弾砲を見ていこう。

●陸軍の主力兵器

19世紀末以降、陸軍砲兵部隊の主力兵器のひとつとなった榴弾砲は、第一次世界大戦で活躍した。

第一次世界大戦で使われた榴弾砲で有名なのは、イギリスの「BL 6インチ26cwt榴弾砲」だ。口径6インチ（約152ミリメートル）、砲身長14.6口径（約2.2メートル）のライフル砲で、100ポンド（約45.3キログラム）の榴弾を最大8687メートル先まで飛ばせた。

本砲は1915年に制式採用され、1918年の大戦終結までに西部戦線で使用され、同盟国を含めて延べ2240万発を発射する活躍を見せ、その後も第二次世界大戦末期まで使用された。当時のイギリス陸軍のBL 6インチ26cwt榴弾砲に対する信頼度がうかがえるだろう。

この砲の砲身には、当時の最新技術だった鋼線式が採用された。

鋼線式とは、砲身が内筒と外筒から成る複数層構造の砲身である。内筒に厚さ1.6ミリメートルほどの鋼線をすき間ができないようにきつく巻き付けて、その上に外筒をかぶせる方式である。鋼線を引っ張りながらきつく巻いていくので、砲身の強度は増した。ちなみに、日本海軍の戦艦大和の主砲も、この方式で製作されていた。

第二次世界大戦中にも多くの榴弾砲が使用された。1941年に制式採用されたアメリカの「M1 155ミリメートル榴弾砲」は、戦後もベトナム戦争まで使用され続け、各国でも使われた。本砲は口径が155ミリメートル、砲身長が約3.7メートルで、100ポンド（約45.3キログラム）の砲弾を1分間に4発発射でき、射程距離は1万4900メートルである。

この榴弾砲は20カ国以上で採用され、日本の陸上自衛隊にも供与されている。

BL6インチ26cwt榴弾砲

■イギリス製
■1915年製作

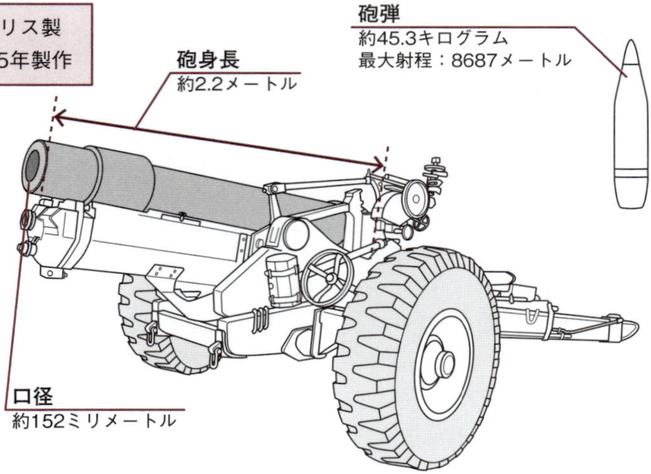
砲弾
約45.3キログラム
最大射程：8687メートル
砲身長
約2.2メートル
口径
約152ミリメートル

M1 155ミリメートル榴弾砲

■アメリカ製
■1941年製作

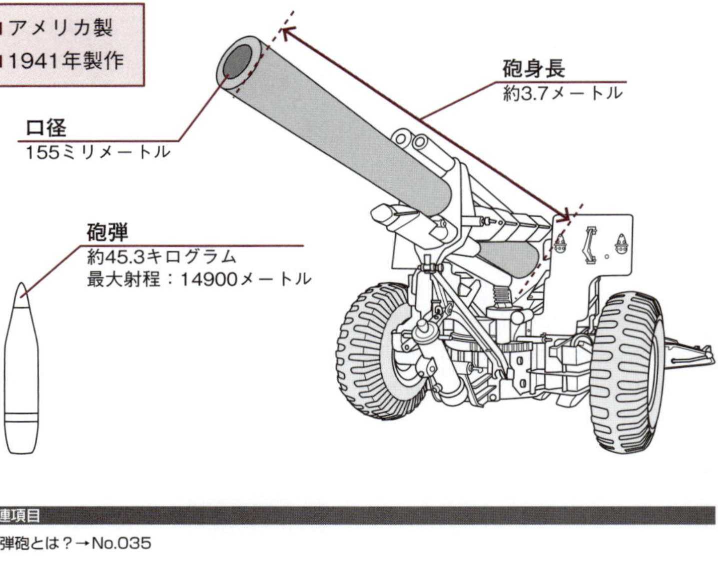
砲身長
約3.7メートル
口径
155ミリメートル
砲弾
約45.3キログラム
最大射程：14900メートル

関連項目

●榴弾砲とは？→No.035

No.054

第一次世界大戦に登場した「戦車砲」とは？

第一次世界大戦で初登場した戦車に搭載された大砲を「戦車砲」という。開発当初の戦車砲とはどういうものだったのか。また、戦車砲に取り付けられた「砲口制退器」とは何か？

●徐々に大型化した戦車砲

第一次世界大戦はこれまでの戦争形態を大きく変えた戦争だったが、戦車がはじめて戦場に登場した点でも戦史上、画期的だった。

そして、当然の発想として、戦車に大砲を搭載することが考え出された。

はじめて戦車に大砲を搭載したのはイギリスだった。現在の戦車砲は、360度旋回できる回転砲塔に砲が装備されているが、第一次世界大戦で登場した戦車砲は、箱型に張り出した砲座が車体の両側面に取り付けられ、計２門の大砲が装備されていた。

第一次世界大戦後はしばらく大規模な戦争が起こらなかったため、戦車砲の改良スピードもゆるやかだったが、第二次世界大戦がはじまると、そのスピードは上がった。

まず、口径が大きくなり、砲身も長くなった。第二次世界大戦前のイギリスの戦車砲「２ポンド戦車砲」は口径40ミリメートル、砲身２メートルだが、第二次世界大戦中に開発された「６ポンド戦車砲」は口径57ミリメートル、砲身2.54メートルと大型化された。

口径が大きくなれば当然威力は増し、そのぶん衝撃も大きくなる。戦車砲は、車両に搭載したため、地上で使う大砲よりも砲撃時の反動を抑える必要があった。そこで砲口に「砲口制退器」を装着するようになった。

砲口制退器とは、砲撃時の衝撃を吸収・拡散し、砲身の後退を減少させるための道具で、砲口に取り付けた。砲弾の発射時に発生する燃焼ガスが、この器具に当たることで砲身の後退を軽減した。また、砲口制退器には側面に穴が開いており、そこから燃焼ガスを逃がすことでも、砲身の後退を抑えたのである。

戦車砲の進化

初期の戦車砲
（第一次世界大戦）

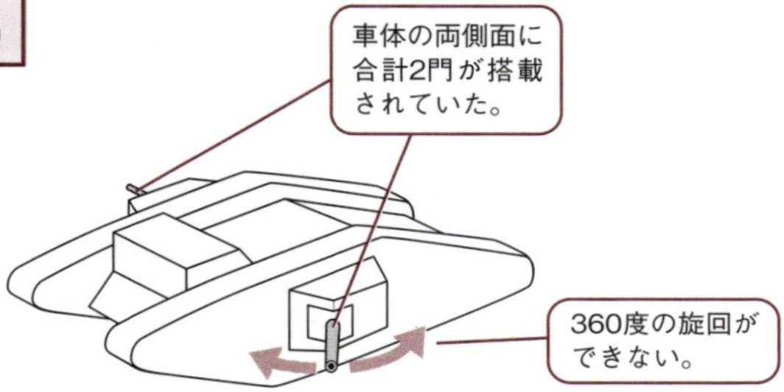
車体の両側面に
合計2門が搭載
されていた。
360度の旋回が
できない。

第二次世界大戦
以降

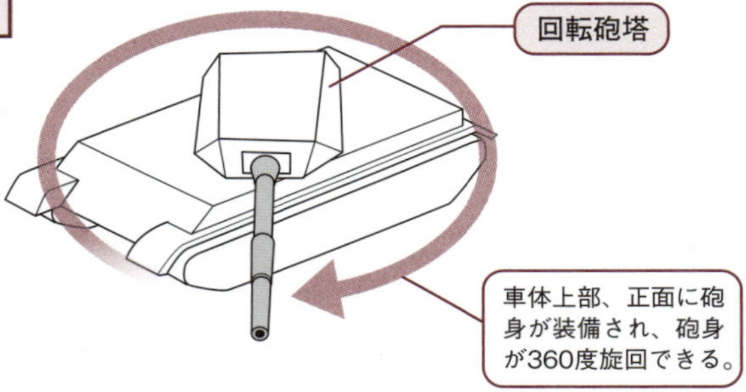
回転砲塔
車体上部、正面に砲
身が装備され、砲身
が360度旋回できる。

砲口制退器

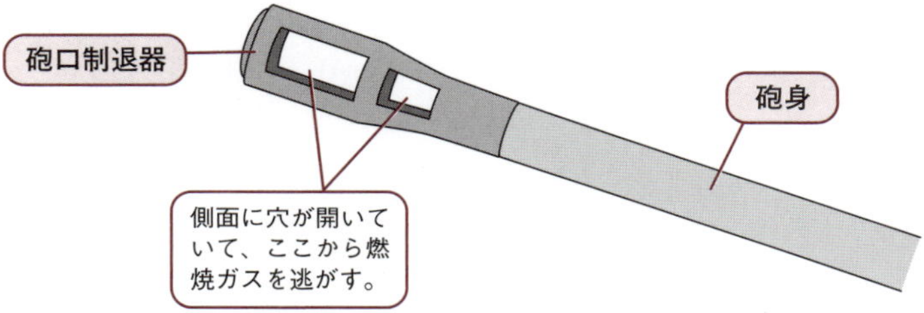
砲口制退器
砲身
側面に穴が開いて
いて、ここから燃
焼ガスを逃がす。

関連項目

●対戦車砲にはどんなものがあったか？→No.058
●発射時の反動はどう吸収する？→No.010

No.055

「高射砲」が開発された理由は？

第一次世界大戦で飛行機が戦場で使われるようになると、これに対応するための大砲の製作が急務となった。そして開発されたのが「高射砲」あるいは「対空砲」と呼ばれる大砲だった。

●気球を撃ち落とすための大砲がその元祖

第一次世界大戦（1914～1918年）で飛行機が戦場に登場し、飛行機を攻撃する火砲が求められるようになった。この要求に応えて作られたのが「高射砲（対空砲）」だった。高射砲のもとになったのは、普仏戦争（1870～1871年）でプロイセンが使用した火砲である。プロイセン軍にパリを包囲されたフランス軍は、気球による脱出を試みた。このときプロイセンはこの気球を撃ち落とすための火砲として、砲架を軽量にした小口径の火砲を発注した。これが高射砲の元祖であるといわれる。

飛行中の目標物を砲撃して命中させることは困難だ。そのため高射砲は、燃焼時間が20～25秒ほどの時限信管つきの砲弾を使い、目標物の近くで破裂させ、その破片で敵機を撃墜するという仕組みになっていた。旧日本陸軍では、12センチメートル砲弾で有効範囲は半径15メートルだった。

高射砲の特徴としては、対象物が空高く飛行する物体であるため、垂直に近い射角が必要である。また、高速で移動する目標物をとらえるために旋回速度と俯仰速度がほかの大砲より速くなっている。

高射砲には３種の砲撃高度がある。第一が、砲身を垂直に立てて砲撃したときに到達するもっとも高い点（最大射高）だ。77ミリメートル高射砲の場合、最大射高は１万メートルほどである。しかし、時限信管つきの砲弾が最大射高に達することはなく、実際に砲弾が破裂するのは最大射高の３分の２程度で、この砲撃高度を実用射高という。そして、砲弾を複数発射しても有効に機能する高度を有効射高といった。最大射高と実用射高は砲が真上を向いている状態だが、敵飛行機に有効な攻撃をするためには、砲をやや傾けなければならない。つまり、有効射高はだいたい70度くらいの射角で20秒くらい砲撃し続けることができるものだった。

高射砲の特徴

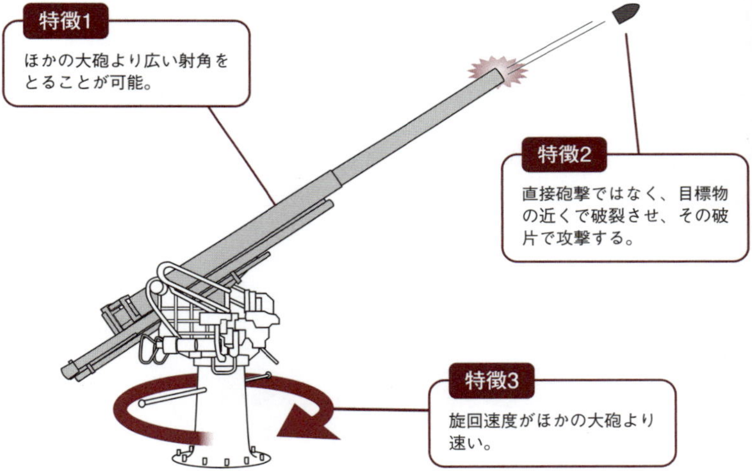
特徴1
ほかの大砲より広い射角をとることが可能。
特徴2
直接砲撃ではなく、目標物の近くで破裂させ、その破片で攻撃する。
特徴3
旋回速度がほかの大砲より速い。

高射砲の砲撃高度

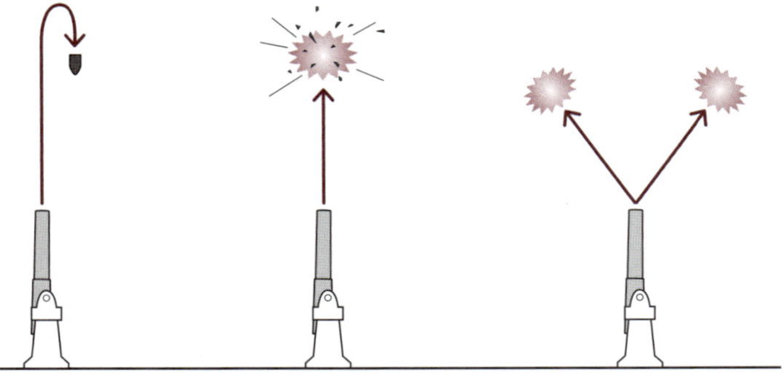

① 最大射高
砲身を垂直にして砲撃したときに到達するもっとも高い地点。

② 実用射高
実際に砲弾が破裂する距離。最大射高の3分の2程度とされる。

③ 有効射高
射角70度くらいで20秒程度砲撃し続けられる高度。実用射高よりも低くなる。

関連項目

●第一次世界大戦に登場した「戦車砲」とは？→No.054
●大砲はどう分類されるか？→No.001

No.056

日本独自の火砲「擲弾筒」とは？

兵器後進国だった日本だが、20世紀に入るとさまざまな火砲が開発されるようになった。そんななか、日本独自の火砲として開発されたのが「擲弾筒」である。

●日本で開発された小型の迫撃砲

擲弾筒《てきだんとう》は手榴弾を砲弾として発射する火器のひとつで、第一次世界大戦のときにフランスが使った「ビビアン・ベシェール」という小銃をヒントにして、日本で製作された日本独自の火砲である。ビビアン・ベシェールとは、銃口に円筒型の発射装置を取り付けて擲弾を装填すること。この擲弾の中央には穴が開いていて、小銃を発射すると、小銃の弾丸がその穴を通過するときに擲弾のレバーを外すという仕掛けになっていた。

日本では、小銃に発射装置を取り付けるより、通常の手榴弾を発射できるようにしたほうが合理的であると考えられ、1920年代に開発されたのが、最初の擲弾筒「十年式擲弾筒」であった。

十年式擲弾筒は全長52.5センチメートル、総重量2.6キログラムに過ぎない小型火砲で、小銃よりも軽かった。口径は50ミリメートルで、前装式の滑腔砲身が採用されたため、構造も簡単だった。十年式手榴弾と九一式手榴弾が砲弾として使われ、1分間に40発を発射することができた。そのほかに、信号弾や照明弾も使用可能だったため、戦闘指揮の兵器としても利用された。

十年式擲弾筒は軽量で使いやすかったが、射程距離が220メートルほどしかなかったうえに命中率も悪かったため、これを改良し1930年に「八九式重擲弾筒」が採用された。八九式は射程距離を伸ばすためにライフル式の砲身となり、800グラムの専用の榴弾であれば670メートルまで砲撃できるようになった。また八九式は、湾曲した台座を使用したため地面に立てたときの安定感が増した。小銃というより小型の迫撃砲であり、発射角度は45度に固定されていた。総重量は十年式よりも重くなったが、それでも4.7キログラム程度であり、1人で運搬・使用が可能だった。

十年式擲弾筒

■日本製
■1920年代製作

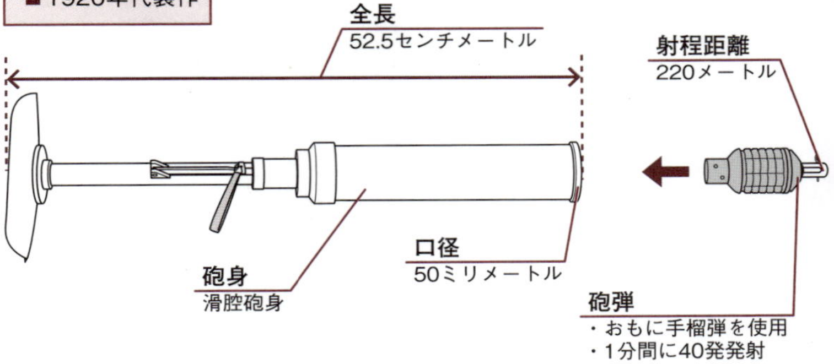
全長
52.5センチメートル
射程距離
220メートル
口径
50ミリメートル
砲身
滑腔砲身
砲弾
・おもに手榴弾を使用
・1分間に40発発射

八九式重擲弾筒

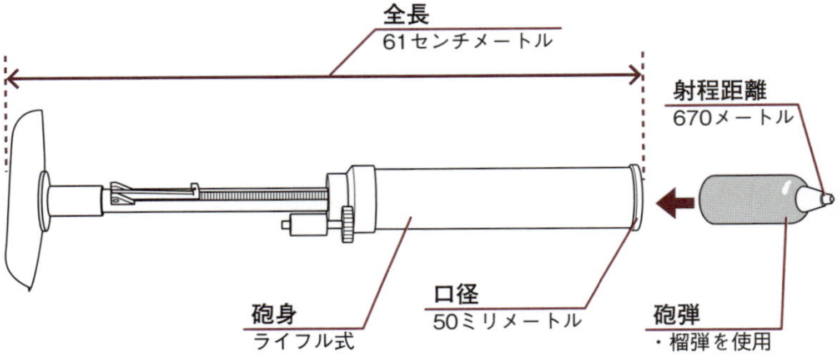
全長
61センチメートル
射程距離
670メートル
砲身
ライフル式
口径
50ミリメートル
砲弾
・榴弾を使用

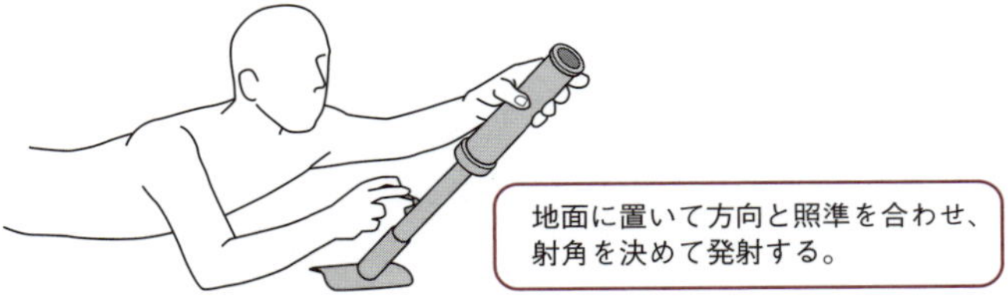
地面に置いて方向と照準を合わせ、
射角を決めて発射する。

関連項目

●迫撃砲が軽量・コンパクトな理由は？→No.036

No.057

日本のカノン砲にはどんなものがある？

戦前の日本でも多くのカノン砲が使用されたが、代表的なカノン砲に「九二式」と「八九式」というものがある。ここではこのふたつのカノン砲について解説する。

●数々のカノン砲が第二次世界大戦までに開発された

カノン砲は近代陸軍の主力砲であり、とくに第一次世界大戦から第二次世界大戦にかけて、さまざまなカノン砲が開発された。

日本でもおもに陸軍が開発を進め、「八九式15センチメートルカノン砲」をはじめ「九二式10センチメートルカノン砲」などが整備された。

八九式15センチメートルカノン砲は、太平洋戦争末期の沖縄作戦まで使用されたカノン砲で、1929年に制式採用された。口径149.1ミリメートル、砲身約6メートル。最大射程距離は18100メートルと、同時期の他国の15センチカノンに比べると短かったが、総重量は10.4トンと他国よりも軽量だった。発射速度は重さ40キログラムの砲弾を毎分約2発砲撃でき、最大射角は43度だった。

開発当初は、移動の際に砲身と砲架を分離してけん引しており、そのため射撃準備完了までに2時間を要したという。

九二式10センチメートルカノン砲は1935年に完成したカノン砲で、日中戦争から太平洋戦争にかけての陸軍の主力砲として使われた。口径105ミリメートル、砲身4.7メートル、総重量が約3700キログラムで、最大射程距離18200メートルは野戦重砲隊の兵器のなかでは最大だった。射角は最大で45度まで可能だった。

開発当初は、軽量化をめざした結果、強度面に欠陥があり、日本とソ連との戦争であるノモンハン事件で使用された際には、最大射程で連射したところ多くの砲架の脚が破損してしまったという。その後は改良され、太平洋戦争のシンガポール攻略やバターン攻略などでも使われた。

八九式15センチメートルカノン砲

■日本製
■1929年製作

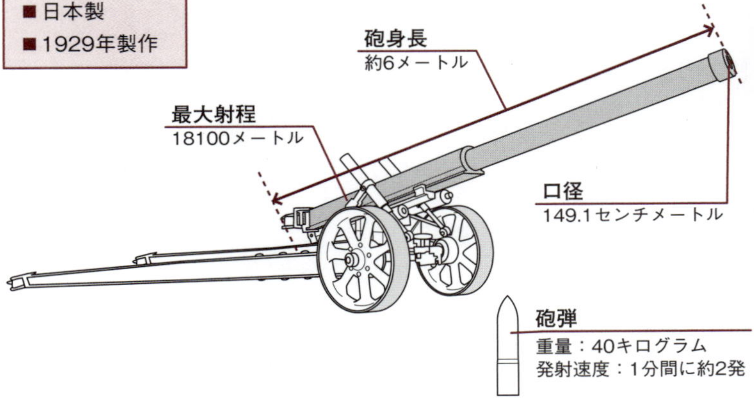
砲身長
約6メートル
最大射程
18100メートル
口径
149.1センチメートル
砲弾
重量：40キログラム
発射速度：1分間に約2発

九二式10センチメートルカノン砲

■日本製
■1935年製作

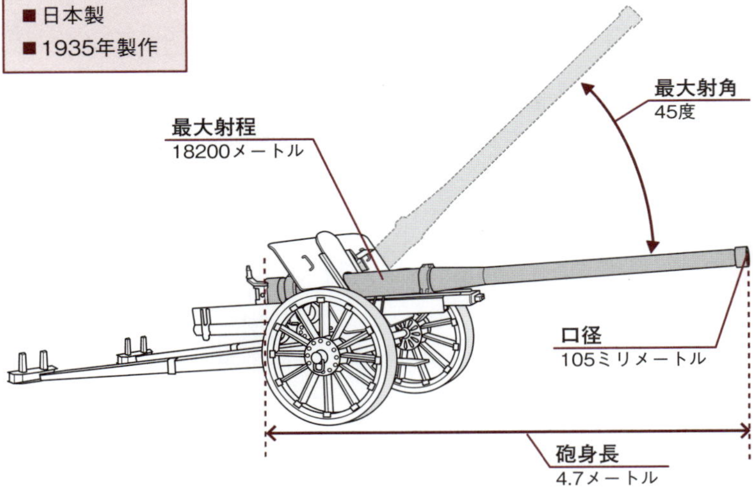
最大射角
45度
最大射程
18200メートル
口径
105ミリメートル
砲身長
4.7メートル

関連項目

●「カノン砲」は時代によって分類法が違う？→No.029
●幕末日本の主力砲「四斤山砲」とは？→No.042

No.058

対戦車砲にはどんなものがあったか？

戦車が頑丈になり、戦車に対抗するための大砲が開発され、それを「対戦車砲」と呼んだ。なかには、ソ連が開発した対戦車砲のように口径が100ミリメートルにもなる巨砲も登場した。

●戦車に対抗する大砲の登場

対戦車砲の先鞭をつけたのはドイツだった。1930年代の開発当初は、機動性と軽量性が重視され、口径は35～40ミリメートル、重量は500キログラムを超えず、砲弾は９キログラムくらいだった。

この頃の代表的な対戦車砲が、ドイツの「37ミリメートルPAK36砲」だ。1934年に開発されたこの砲は、スペイン内乱（1936～1939年）で実戦投入され、1941年初期までドイツの主力の対戦車砲として活躍した。口径37ミリメートル、砲身長1.66メートル、重量328キログラム、最大射程距離は約5400メートルだ。砲弾には685グラムの徹甲弾と618グラムの榴弾が使われた。

しかし、第二次世界大戦がはじまると、戦車の装甲はますます分厚くなり、小口径の対戦車砲では力不足となり、対戦車砲も巨大化を余儀なくされた。

たとえば、イギリスで1940年に開発されたのが、「６ポンド対戦車砲」である。口径は2.24インチ（約57ミリメートル）、砲身長2.54メートル、重量も1224キログラムと従来の対戦車砲より大きくなった。弾丸の初速も、PAK36砲が毎秒762メートルであるのに対し、900メートルを誇り、最大射程距離は4600メートルだった。砲弾には2.86キログラムの徹甲弾や約３キログラムの榴弾が使われた。

また、1944年にソ連が開発した「100ミリメートルM1944砲」は初速1000メートルを実現し、口径100ミリメートル、砲身長5.96メートル、重量3650キログラムと巨大化した。最大射程は２万メートルもあった。これくらい大きくなければ近代戦車を破壊することはできなくなったのである。

37ミリメートルPAK36砲

■ドイツ製
■1934年製作

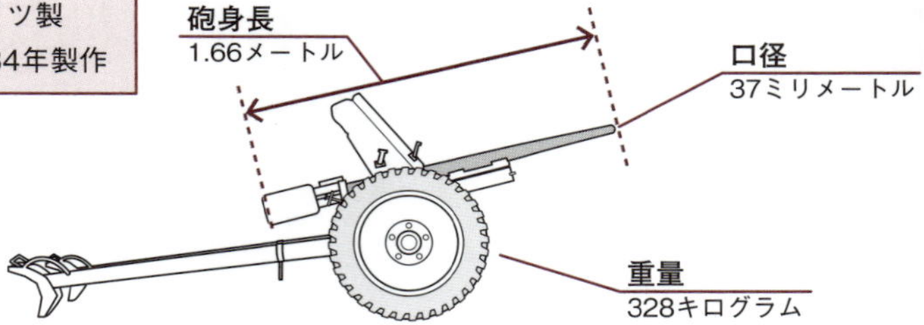

6ポンド対戦車砲

■イギリス製
■1940年製作

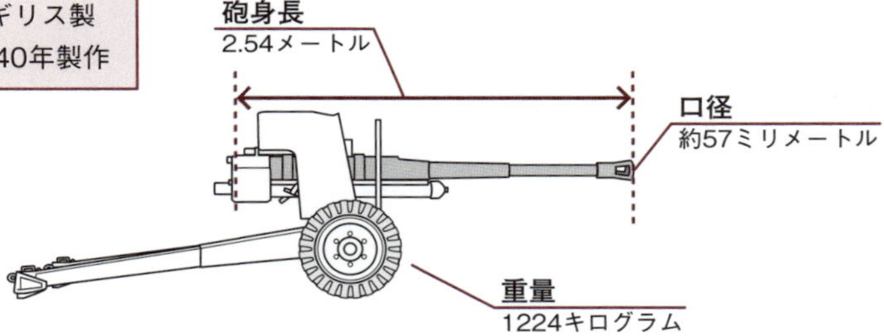

100ミリメートルM1944砲

■ソ連製
■1944年製作

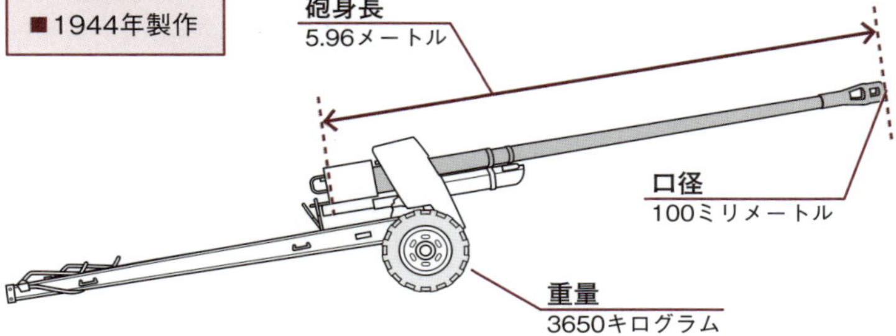

関連項目
●第一次世界大戦に登場した「戦車砲」とは？→No.054
●装甲を貫く砲弾とは？→No.017

No.059

大砲の機動性を高めた「自走砲」とは？

第二次世界大戦時に開発された「自走砲」は、これまで動物や車両にけん引させてきた大砲にとって画期的な兵器だった。自走砲には、どんな大砲が搭載されたのだろうか。

●大砲と自動車を一体化した大砲

自走砲は第二次世界大戦（1939～1945年）ではじめて使われた、新しい兵器である。主要戦闘国であるアメリカ、イギリス、ドイツ、ソ連、日本で、さまざまな自走砲が開発された。

大砲は発明されて以来、複数の兵士が引いたり、馬やロバなどに積載したり、けん引させたりして移動させていた。現代になって自動車によるけん引も行われるようになったが、戦場で砲撃可能な状態に組み立て、その後に移動するために再びけん引状態に戻さなければならない状況に変わりはなく、時間のロスがともなった。

そこで開発されたのが、「自走砲」と呼ばれる火砲だった。大砲と自動車を一体化したもので、これにより大砲に機動力をもたせることができるようになった。最初に導入したのはドイツといわれ、その自走砲とは1940年、7.5センチメートル砲を搭載したものだった。

自走砲には榴弾砲、対空砲、迫撃砲、無反動砲など各種の大砲を搭載することができ、それぞれ自走榴弾砲、自走対空砲、自走迫撃砲、自走無反動砲と呼ばれる。

自走砲は外見的にも性能的にも戦車とよく似ているが、当時のアメリカでは、「旋回砲塔がなくて、砲口の方向移動が制限されている」ものが自走砲とされていた。イギリスでは、「砲塔の上部が閉じているのが戦車、開放されているのが自走砲」と考えられていた。

現在では、目標物を直接砲撃するのが戦車、地図の座標を利用して間接砲撃するのが自走砲とされている。また、自走砲は戦車よりも射角が高い場合が多く、弾道は放物線となる。

自走砲と戦車の違い

●開発当初のアメリカの場合

自走砲　　　　戦車

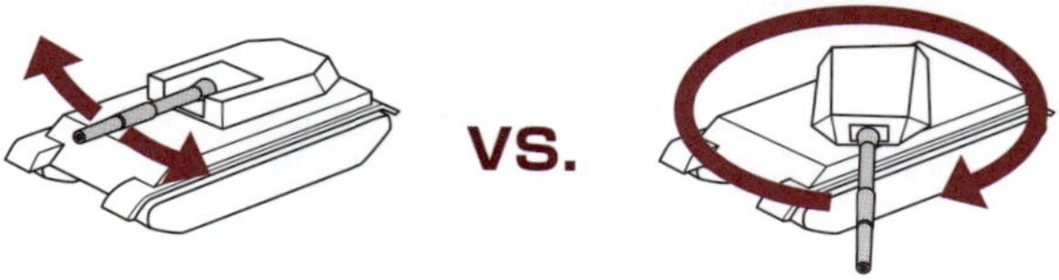

砲口の移動が制限されている。

旋回砲塔により砲口の移動が自由。

●開発当初のイギリスの場合

自走砲　　　　戦車

砲塔の上部が開放されている。

砲塔の上部が閉じている。

●現在の場合

自走砲

地図の座標を利用して間接砲撃する。

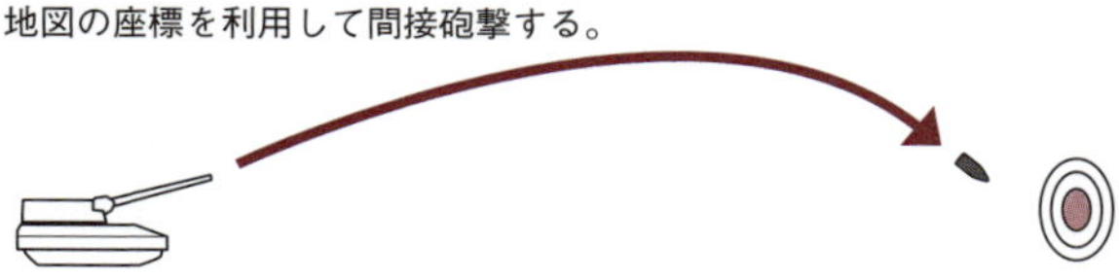

VS.

戦車

直接目標物を狙って砲撃する。

関連項目

●124トンの怪物「カール自走臼砲」とは？→No.060
●榴弾砲とは？→No.035　●迫撃砲が軽量・コンパクトな理由は？→No.036

No.060

124トンの怪物「カール自走臼砲」とは?

大砲に機動力をもたせた自走砲は、その使い勝手のよさからさまざまな改良を加えられ、いろいろなタイプの自走砲が出現することになった。ドイツで開発された「カール自走臼砲」がその代表例である。

●ドイツが作った大型臼砲

第一次世界大戦で敗れたドイツは、戦後の講和条約(1919年)によって軍備を著しく制限され、新型火砲の開発も禁止された。たとえば、ドイツの代表的な火砲メーカーであるクルップ社は、口径17センチメートル(約6.7インチ)以上の火砲の製造を禁止され、ラインメタル社に至ってはそれ以下の火砲の製造も禁止された。しかし、ドイツは国外に名義だけの会社を作ったり、輸出用と称して国内でも製作したりするなど、新型火砲の開発を進めていた。そしてヒトラーの出現によって軍備の制限条項を1935年に廃棄したドイツは、さまざまな火砲を開発するようになった。そして同年末、フランスが国境沿いに構築していたマジノ線を攻略するための重砲の開発に取りかかった。それが「カール自走臼砲」だった。

この大砲はドイツ軍が使用したもっとも重い大砲で、口径が600ミリメートル、砲身長は約11メートル、総重量は124トンという巨大な後装式の臼砲だった。操作には兵員109名が必要で、最大70度までの射角を得られ、最大で4320メートル先まで砲撃できた。

砲弾は2170キログラムの重さがある重コンクリート製の徹甲弾が使われ、1発砲撃するのに10分かかった。のちに、射程距離を伸ばすために長さ1.9メートル、重さ1700キログラムの砲弾が作られ、射程距離は6640メートルまで伸びた。

これだけ大きな砲弾であるから、その威力もすさまじく、垂直に近い角度で着弾した際には、2.5メートルの強化コンクリート、あるいは厚さ42センチメートルの鋼板を貫通することすらできたという。ただし、その巨大さゆえに機動性は悪く、速度は路上でも時速10キロメートルほどしかなく、不整地走行は極めて困難だった。

カール自走臼砲

■ドイツ製
■20世紀はじめ製作

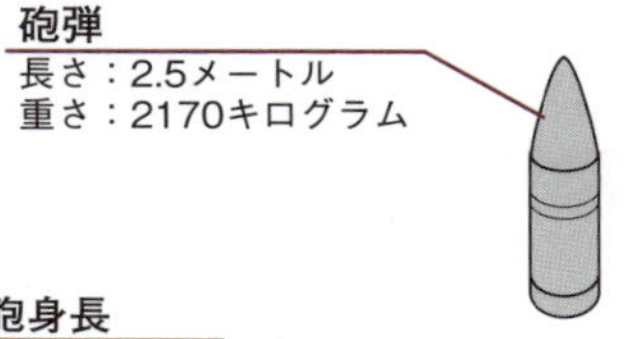
砲弾
長さ：2.5メートル
重さ：2170キログラム

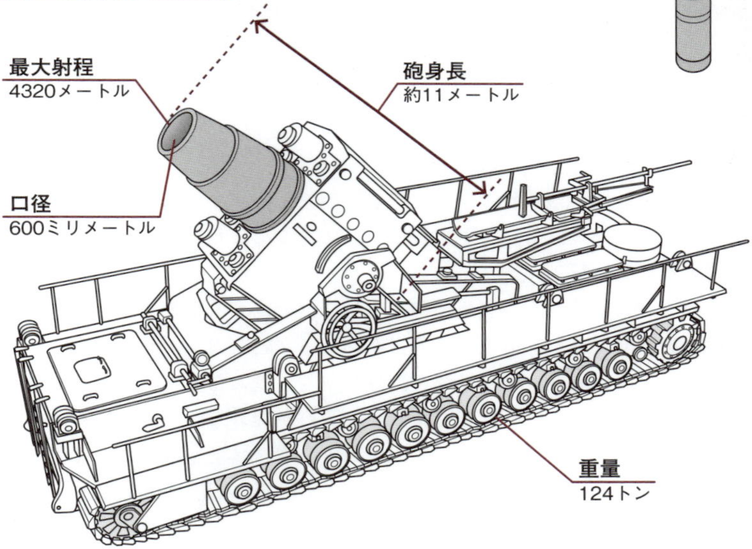
最大射程
4320メートル
砲身長
約11メートル
口径
600ミリメートル
重量
124トン

カール自走臼砲の特徴

特徴1 破壊力

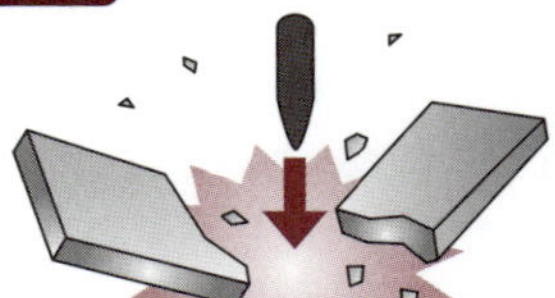

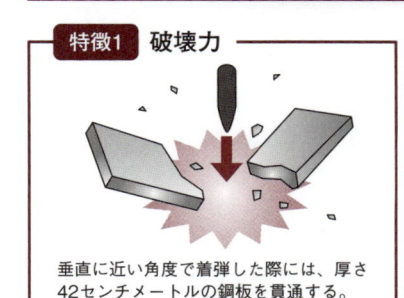

垂直に近い角度で着弾した際には、厚さ42センチメートルの鋼板を貫通する。

特徴2 機動性が悪い

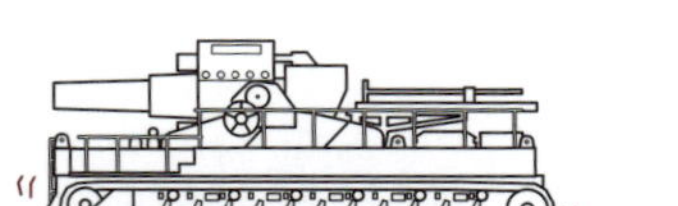

巨大すぎるため機動性が悪く、路上でも時速10キロメートルでしか走れない。

関連項目

●大砲の機動性を高めた「自走砲」とは？→No.059
●装甲を貫く砲弾とは？→No.017

No.061

砲撃時の反動を無力化した「無反動砲」とは？

大砲を砲撃する際に生じる反動は、駐退復座機が発明されたことで解消されたが、この装置自体が大砲の重量を重くしてしまっていた。そこで開発されたのが、砲撃時の反動を無力化する「無反動砲」である。

●無反動砲の発明で大砲が軽量化

無反動砲とは、砲撃時の反動と同じ運動量を放出することで、その反動を相殺する大砲である。駐退復座機が必要なくなったことで、大砲の軽量化が実現した。

実戦で効果的に使える無反動砲を開発したのはドイツだった。

砲弾を発射すると、前方に推進力が加わるとともに、同じ力の反動が後方に生じる。つまり、発射された砲弾と同じ重量の物質を、同じ速度で同時に後方に放出すれば、反動を相殺することができる。ただし、装薬の爆発は前後だけでなく全方位に広がるため、厳密には反動はゼロにはならないが、駐退復座機が必要ないほど、著しく軽減できる。

この考え方は、すでにアメリカ陸軍のデービスによって証明されていた。デービスの場合は砲弾と同じ重量の物質（金属の塊やワックスなどの軟体が使用された）を後方に放出するものだったが、ドイツは後方に放出する物質にガスを使用した。そして、閉鎖機にガスを放出するための噴気孔を開けた。

このように無反動砲は後方にガスなり物質なりを放出することになるので、後方に広いスペースを確保しなければならなかった。砲によって危険範囲は違ってくるが、イギリスのWOMBATという無反動砲の場合、平地の場合は後方91メートルまでは危険区域とされ、14メートル以内の立ち入りは危険で、32メートル以内では塹壕を掘らなければならないとされている。そのほか、多量のガスを放出しなければならないため、砲の位置が敵にすぐわかってしまうという欠点もあった。

しかし、反動がほとんどなく、軽量の無反動砲であれば、肩にかついで砲撃できるため、携帯可能な大砲として普及した。

無反動砲の仕組み

●クロムスキット式

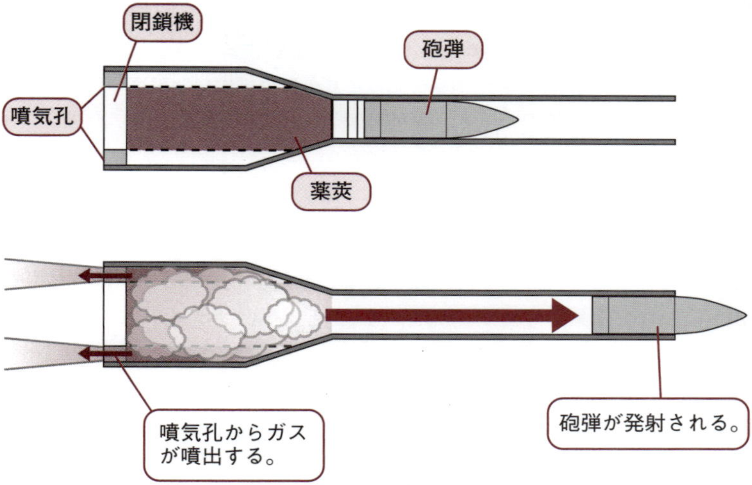
閉鎖機
砲弾
噴気孔
薬莢
噴気孔からガスが噴出する。
砲弾が発射される。

無反動砲の後方区域

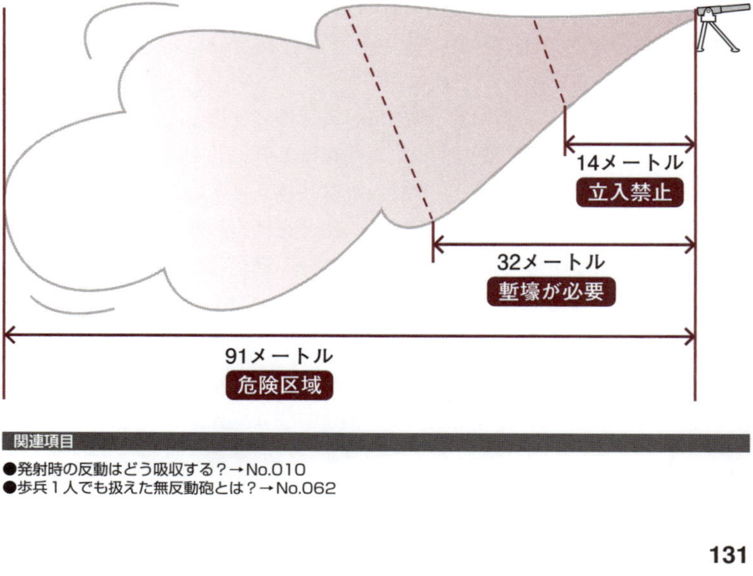
14メートル
立入禁止
32メートル
塹壕が必要
91メートル
危険区域

関連項目

●発射時の反動はどう吸収する？→No.010
●歩兵１人でも扱えた無反動砲とは？→No.062

No.062

歩兵1人でも扱えた無反動砲とは?

第二次世界大戦時に砲撃の衝撃を無力化する無反動砲が開発された。それに続いて、歩兵でも使える小型の無反動砲が登場した。小型無反動砲にはどのようなものがあったのだろうか。

●ドイツが開発し各国が採用

第二次世界大戦で実用化された無反動砲は、それまでの同口径の大砲と威力は同じままで軽量化できた画期的な兵器だった。そして、その有用性が認められ、歩兵でも使える小型の無反動砲が開発された。これを「小型無反動砲」という。

小型無反動砲をはじめて戦場に取り入れたのは、ドイツだった。1941年に制式採用された「75ミリメートル無反動砲」だ。口径75ミリメートル、砲身長は約120センチメートル、総重量は約43キログラム、射程距離は2000メートルほどだった。ドイツではその後、口径105ミリメートルの無反動砲も開発された。

一方、同時代のアメリカで開発された無反動砲に「75ミリメートル無反動砲M20」がある。口径75ミリメートル、砲身長は約165センチメートル、重量76.1キログラムである。

当初の無反動砲は、簡単な三脚架に据え付けて使用した。砲尾機構はほとんど省略され、砲弾を装填するには閉鎖機と噴気孔を取り外し、砲弾を装填してから閉鎖機を回して取り付ければ装填完了という簡単さだ。

小型無反動砲は歩兵でも扱えるように砲身を軽くしたわけだが、その結果、1人の兵士が肩射ちで発射できるくらいの軽量化に成功し、単独での携帯も可能になった。

欠点としては、普通の無反動砲と同様、後方への爆風が強烈である点で、注意を欠けば発砲者の後方にいる味方兵士を殺傷してしまう危険がともなった。また、片膝をついて発砲する際は問題ないが、伏せた姿勢で発砲するときは、爆風を浴びないように左右どちらかに体を寄せた状態にしなければならなかった。

75ミリメートル無反動砲M20

■アメリカ製
■1945年以降製作

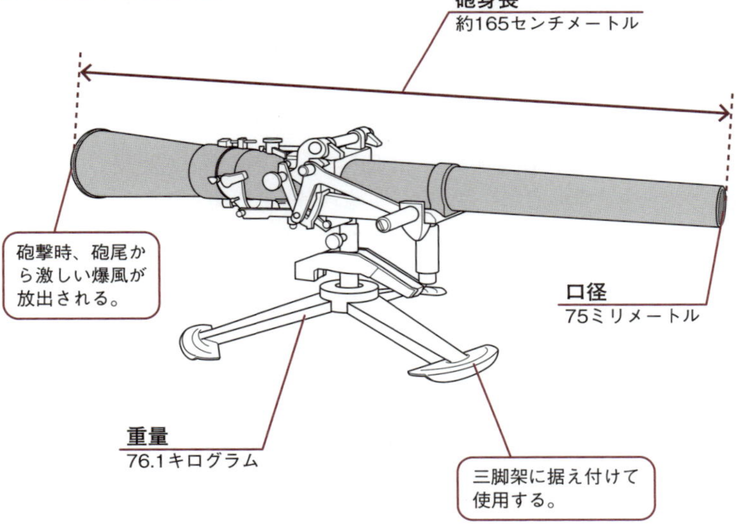
砲身長
約165センチメートル
砲撃時、砲尾から激しい爆風が放出される。
口径
75ミリメートル
重量
76.1キログラム
三脚架に据え付けて使用する。

小型無反動砲の砲撃姿勢

①片膝をついて砲撃する。非常に軽くなったので1人で操作が可能。

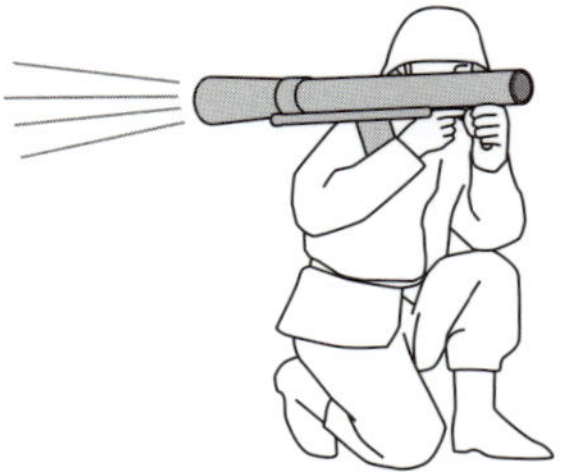

②伏せた姿勢で砲撃する。後方に激しい爆風が起こるので、下半身を片側に寄せる。

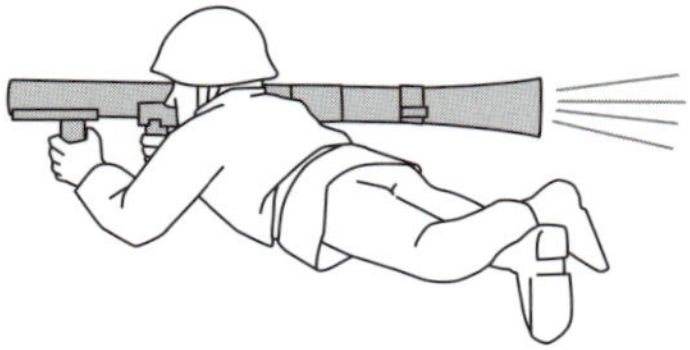

関連項目

●発射時の反動はどう吸収する？→No.010
●砲撃時の反動を無力化した「無反動砲」とは？→No.061

No.063

アメリカ製の巨大臼砲「リトル・デービッド」とは？

アメリカが製作した「リトル・デービッド」と呼ばれる大砲は、口径が900ミリメートルを超す巨大な臼砲だった。しかし、実戦で使われることがないまま廃用となってしまった。

●日本本土の攻略用に開発された臼砲

第一次世界大戦の西部戦線では、塹壕戦が多く展開された。そのため各国は塹壕戦に有効な火砲として、より大きく強力な重砲に注目するようになった。

重砲とは口径が大きく（目安として200ミリメートル以上）、重量の重い砲弾を発射する大砲の総称である。

第二次世界大戦時にアメリカでは、重砲の開発にも力が注がれた。240ミリメートル榴弾砲と８インチ（約203.2ミリメートル）カノン砲を単一の砲架に搭載する重砲が、1942年に制式採用された。この重砲は、日本本土の攻略用として使用される予定だったといわれている。

そして、アメリカが第二次世界大戦末期に作った大口径の重砲のひとつが、マレット臼砲と同様の巨大臼砲である「リトル・デービッド」と呼ばれるものだ。

リトル・デービッドは口径が36インチ（約914ミリメートル）と、それまでの重砲の３倍以上の口径をもつ規格外の臼砲だった。最大射程距離は8700メートルあまりといわれている。

砲身は口径に比べれば短かったが、それでも6.6メートルあり、総重量は82トンを超えた。前装式の大砲で、装薬と点火薬を入れてから、重量1640キログラムほどの榴弾を砲口から装填する。その際には、砲身をいったん水平にしてから、人間の背の高さほどの滑車を使って砲弾を釣り上げて、数人がかりで装填した。

第二次世界大戦が終わるまでに１門が製作されただけで、結局実戦では使われなかった。

巨大な臼砲「リトル・デービッド」

■アメリカ製
■1940年代製作

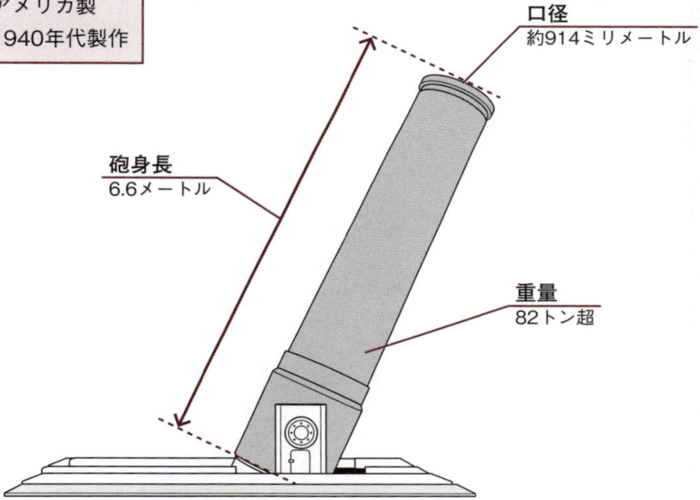
口径
約914ミリメートル
砲身長
6.6メートル
重量
82トン超

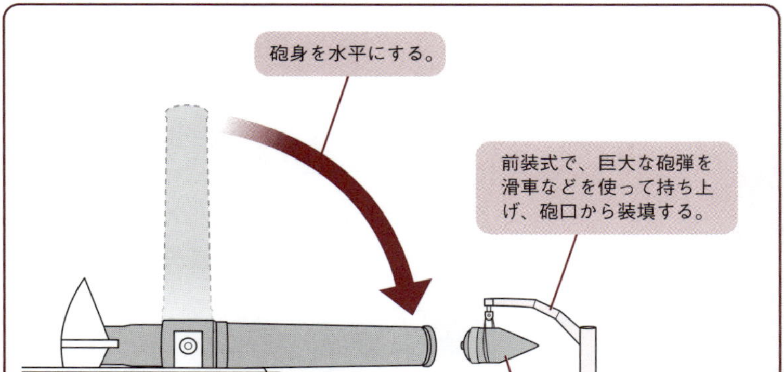
砲身を水平にする。
前装式で、巨大な砲弾を滑車などを使って持ち上げ、砲口から装填する。
砲弾
約1640キログラム

関連項目

●攻城戦に活躍した「臼砲」とは？→No.030
●南北戦争で使用された巨大臼砲「ディクテーター」とは？→No.047

西洋砲術を日本に広めた高島秋帆

日本では江戸時代に突入すると鎖国を国策としたため、欧州文化の輸入が途絶してしまい、そのため火砲の進化も止まってしまった。

しかし18世紀末になると、ロシア船やイギリス船が日本近海にも出没するようになり、国防に対する意識も高まってきた。

なかでも当時、西洋との唯一の窓口だった長崎でその傾向は強く、代々長崎の町年寄を務めていた高島家では、荻野新流という砲術を極めていた。1798年に生まれた高島秋帆は、家に伝来する兵法と砲術が昔のまま進歩することがないことを憂い、長崎に在留するオランダの砲兵士官のもとに通って、４年間にわたって西洋の兵器学や戦術などを学んだ。

秋帆はそこで得た知識から、鎖国体制下で進歩のない日本の兵備の改革が必要であることを痛感し、長崎奉行に進言した。この建白は却下されるが、私費での兵器購入と砲術教育は認められた。秋帆は1832年から1840年の８年間に、前装式野砲６門、前装式臼砲４門、前装式榴弾砲３門、小銃350挺を購入した。このとき秋帆が購入した大砲は、すべて滑腔砲で、砲弾は鉄円弾だった。

西洋式の新式火砲を購入するとともに、秋帆は全国から門人を集めて砲術を教授しはじめ、1840年には門下生の数は300人を超えた。そして秋帆は、日本ではじめて、兵器で武装した洋式兵術の実地訓練を行った。

しかし、秋帆の行動は幕府の保守派ににらまれ、秋帆は謀反の嫌疑をかけられて幽閉されてしまう。だが、秋帆の弟子たちが、秋帆から学んだ砲術を各藩に伝え、とくに幕臣・江川英龍は韮山に門下生を集めて砲術の伝授に勤しんだ。英龍の門下生には、幕末に活躍する木戸孝允や橋本左内などがいる。

やがて1853年にアメリカ使節ペリーが来日すると、幕府も兵制改革を急ぎ、秋帆も赦免された。英龍と秋帆は日本の再軍備に尽力し、幕府も80門の大砲を手に入れ、諸藩もそれにならい、1854年には221家で合計1374門の大砲が日本にあったという。

第3章
海上の火砲

No.064

「艦載砲」の登場は海上戦をどう変えた？

大砲は陸上だけでなく海上でも使用された。船に搭載された大砲のことを「艦載砲」といい、その起源は15世紀後半にまでさかのぼる。ここでは艦載砲がどのように発展していったかを解説する。

●接近戦から遠距離攻撃へ

艦船に搭載された大砲のことを「艦載砲（または艦砲）」という。艦載砲がいつ登場したかははっきりしないが、15世紀後半にはすでに船に大砲が積まれていた。たとえば1497年に喜望峰を通過したヴァスコ・ダ・ガマのポルトガル船には両舷合わせて16門の艦載砲が載せられていた。

ガレー船よりも乾舷が高く、甲板が幅広のガレアス船が開発されると、数十門の大砲が搭載されるようになった。16世紀中頃のガレアス船にはカノン砲１門が船首楼の中央に置かれ、その両脇に中型砲が１門ずつ、さらにその外側に小型砲が１門ずつ配置された。そのほか、船首楼の屋根や張り出し台に数門の小型砲が設置されることもあった。そして軍船が帆走船になってオールがいらなくなると、甲板の両舷に艦載砲を並べるのが標準装備となった。技術の向上によって艦載砲は大型化し、それにともない戦艦も大きくなった。重く大きくなった戦艦を動かすには高いマストと帆が必要となったが、一方で艦載砲の重さによって船のバランスは安定した。

また、戦艦が大きくなったことから、弾薬を喫水より下の船倉に保管することもできるようになり、安全性が増した。甲板に弾薬を置いていた時代は、敵の砲撃で弾薬に火がつきやすく、類焼して甚大な被害をもたらしたのである。もちろん、対戦中は大砲のそばに砲弾を積み上げておかなければならず、細心の注意が必要なのは同じである。

艦載砲は17世紀から19世紀初頭まで、多数のカノン砲を搭載することが一般的で、18世紀中頃から19世紀初頭には「74門艦」（74門の大砲を搭載した戦列艦）という、２層の砲列甲板をもつ戦列艦がヨーロッパで流行した。そのほか、３層の甲板に100門を超える大砲を載せた軍船も現れ、海戦は艦載砲なしでは戦えなくなったのである。

ヴァスコ・ダ・ガマの旗艦サン・ガブリエル号

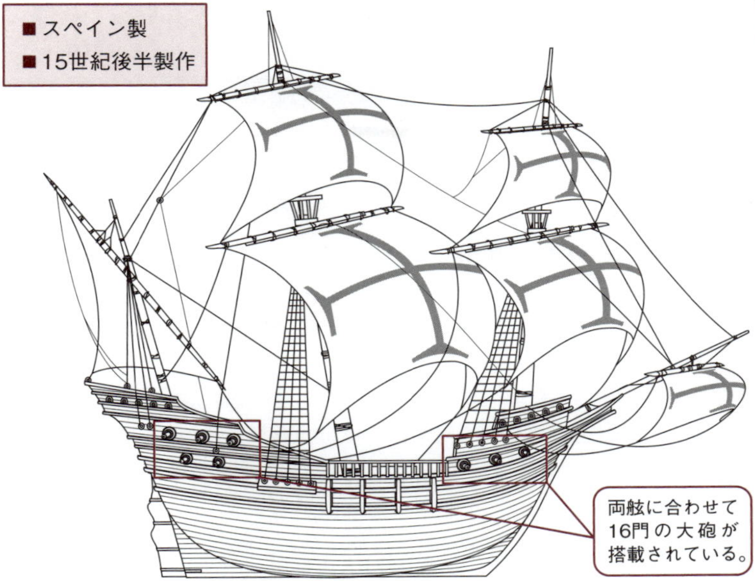
■スペイン製
■15世紀後半製作
両舷に合わせて
16門の大砲が
搭載されている。

ヨーロッパ諸国で普及した74門艦

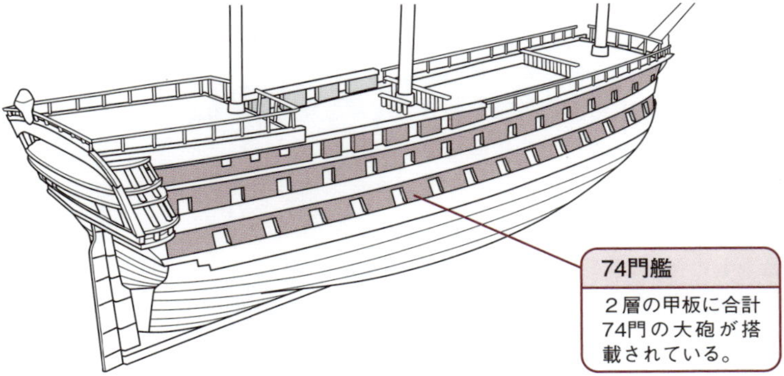
74門艦
2層の甲板に合計
74門の大砲が搭
載されている。

関連項目

●「カノン砲」は時代によって分類法が違う？→No.029
●100門以上の大砲を搭載した船とは？→No.073

No.065

艦載砲を有効に使うための陣形とは？

艦載砲の登場は、海戦を衝角による接近戦から、大砲による長距離砲撃戦に変化させ、それによりそれまでの海上戦術はガラっと変わることになった。艦載砲を有効に使うために編み出された陣形とは何だったのか？

●大砲の採用で戦術が変化

大砲が艦船に搭載されるようになると、艦隊の陣形にも変化が表れた。

まず、大砲が登場する以前の軍船は、海上で戦う際には「単横陣《たんおうじん》」という陣形を組むのが通常だった。

単横陣とは、簡単にいえば各船が横一線に並んだ陣形だ。大砲登場以前は、船首につけられた衝角を敵船にぶつけて攻撃するのが一般的だった。そのため、全船が船首を敵船に向けて、横１列に並べて敵軍に突撃する陣形が有利だったのである。

しかし、大砲が舷側に搭載され、側舷砲撃が主流になると、敵に向かって横１列に並んだ単横陣では砲撃ができない。そこで考え出されたのが、「単縦陣《たんじゅうじん》」という陣形だった。

単縦陣とは、軍船を等間隔に並べて舳先を縦一線にする陣形である。つまり、旗艦となる主力艦を先頭にして、残りの各船が旗艦のあとに１列に続く形となる。

また、側舷砲撃は、各船が独自に攻撃を加えるよりも、組織的に砲撃したほうが火力を最大限に発揮できる。

単縦陣は、単横陣に比べれば、指揮官の指令に合わせて統一行動をとりやすい。組織的な側舷砲撃を行えるという点でも、単縦陣は大砲の時代に合致した陣形だったのである。

単縦陣をはじめて組織的に行ったのは、17世紀中頃のイギリスの海軍提督、ロバート・ブレークだったとされる。その後、19世紀になって船体を鉄製にした装甲艦が出現するまで、単縦陣で側舷砲撃をするのが各国の基本的な戦術となった。

単横陣と単縦陣

●単横陣

舷側に大砲が設置されていると、横1列の陣形では効果的な砲撃ができない。

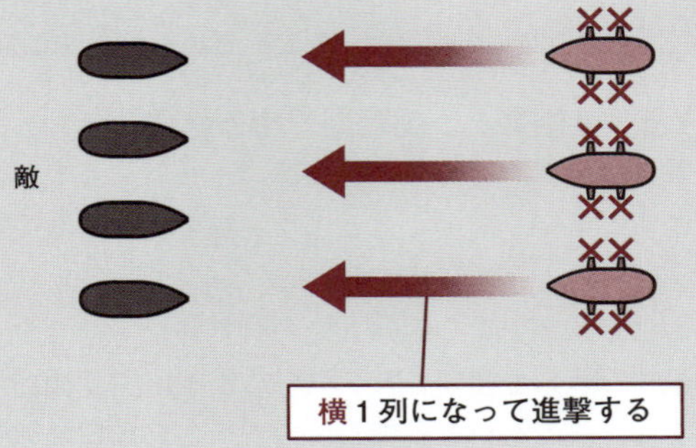
敵
横1列になって進撃する

●単縦陣

縦1列に陣形を組むことで側舷砲撃を効果的に行うことができる。

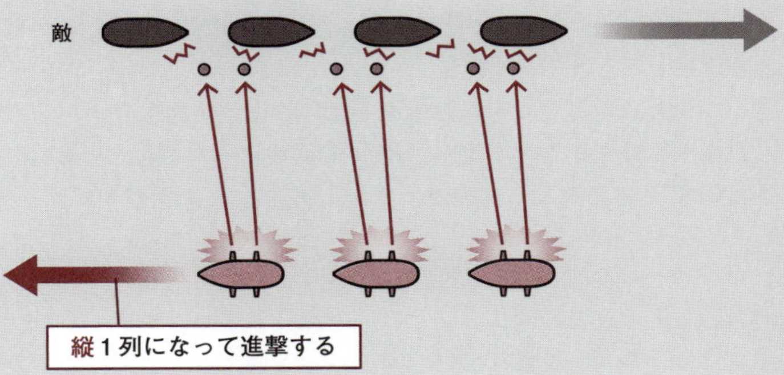
敵
縦1列になって進撃する

関連項目

●「艦載砲」の登場は海上戦をどう変えた？→No.064
●艦載砲はどこに設置されていたか？→No.068

No.066

艦載砲ではどんな砲弾が使われたのか？

艦載砲では実体弾や炸裂弾以外にも、陸上では見られない砲弾が使われることがあった。鎖弾や伸縮式棒状弾丸などがそれだが、ここではこれらの艦載砲の特殊な砲弾を紹介する。

●至近距離で攻撃する砲弾と、遠距離で使う砲弾

一般的に、艦載砲は発射する砲弾の種類は決まっておらず、たいていの艦載砲は実体弾から炸裂弾、散弾などどんな種類の砲弾でも発射することができた。

そして、陸上とは形状が異なる砲弾も使われていた。ひとつが伸縮式の棒状の弾丸で、縮んだ状態で装填され、発射の衝撃で長く伸びるように設計されていた。また、鎖弾という砲弾があった。これは球状の弾を鎖でつなぎ、装填時はそれをひとつにまとめて、発射されると鎖が伸びるようになっていた。これらの砲弾は至近距離から発射するもので、おもに敵船の帆を切り裂く目的で使われた。そのほか、鉛弾や鉄弾を２～３層に分けて詰めた「ぶどう弾」があり、これは砲撃の衝撃で鉛弾や鉄弾が飛び散る仕組みになっていた。

これらの砲弾は至近距離で使われたが、一方で艦載砲には距離の離れた敵船を攻撃するという役目もあった。

そこで使われたのが、射程距離をかせげるカノン砲やカルバリン砲といった水平砲撃をする大砲だが、4000～6000メートル離れた敵船を砲撃できる艦載砲が19世紀に開発された。その大砲を「コロンビヤード砲」という。

コロンビヤード砲とは、1811年にアメリカで発明された前装式の滑腔砲である。広く普及したコロンビヤード砲は、８インチ砲で、口径が約20センチメートル、重量は4000キログラムを超える大型大砲で、65ポンド（約29.5キログラム）の砲弾を発射することができた。非常に大きな大砲だったため、据え付け型とされ、おもに海岸沿いに置かれる要塞砲として重用された。

艦載砲で使われた特殊な砲弾

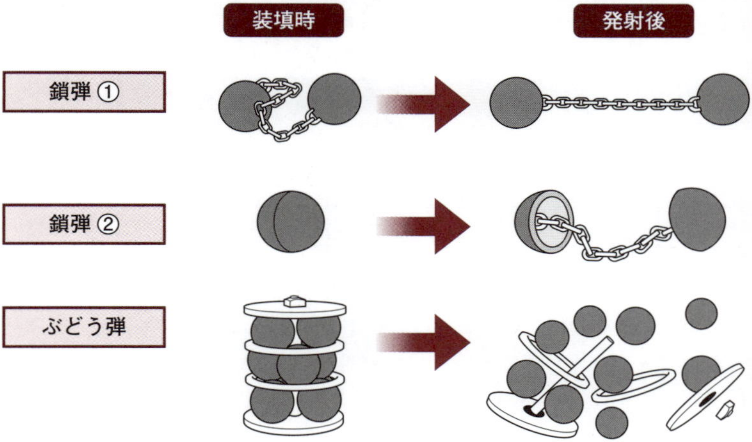

装填時
発射後
鎖弾 ①
鎖弾 ②
ぶどう弾

※ 鎖弾はマストや索具を破壊するために使用し、
ぶどう弾は対人殺傷兵器として使われた。

コロンビヤード砲

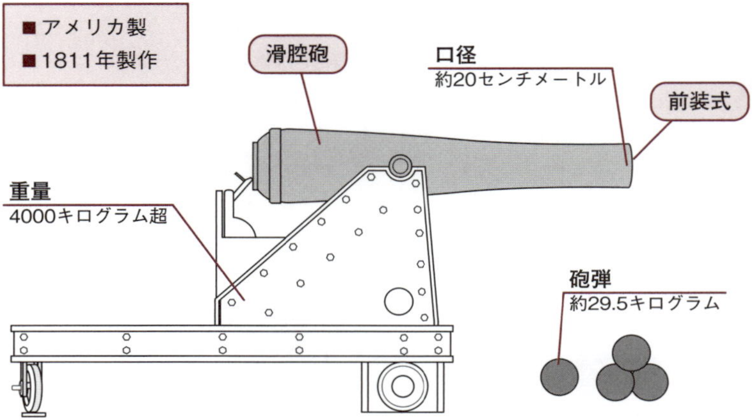

■アメリカ製
■1811年製作
滑腔砲
口径
約20センチメートル
前装式
重量
4000キログラム超
砲弾
約29.5キログラム

関連項目

●実体弾と榴弾の違いとは？→No.014
●榴散弾と焼夷弾とは何か？→No.015

No.067

レパントの海戦で使用された艦載砲とは？

1571年に勃発したレパントの海戦では、ガレアス船という軍船が戦場ではじめて使われた。ヴェネツィア共和国のガレアス船には合計20門の大砲が搭載されていた。

●20門の艦載砲を搭載したガレアス船

ガレー船のあとに現れたのがガレアス船である。ガレー船を大型化したこの船は、多くの艦載砲を載せるのに都合がよかった。

ガレアス船がはじめて海戦の場に登場したのは、16世紀後半のことで、1571年のレパントの海戦が有名である。レパントの海戦はガレー船同士の最後の海戦としても知られる戦いだが、ガレアス船だけでなく両軍ともにガレー船にも艦載砲が搭載され、なかには船首に３～５門の艦載砲を搭載する旧来型のガレー船もあった。

レパントの海戦とは、オスマン帝国とスペインを中心としたカトリック教国連合軍との戦いである。オスマン軍はガレアス船を10隻ほど、連合軍は６隻を用意して戦いに臨んだ。

とくに連合軍に与したヴェネツィア共和国が送り出した６隻のガレアス船は高性能で、円形の２層の船首楼に合計８門、船尾に２門のカノン砲を搭載し、両舷にも10門の小型の大砲を設置して、合計20門の大砲がオスマン軍を迎え撃った。

船首楼の艦載砲は50ポンド（約22.7キログラム）の砲弾を砲撃できるカノン砲と、25ポンド（約11.3キログラム）の砲弾を砲撃できるカノン砲の合計８門だったという。

ヴェネツィア共和国のガレアス船はガレー船に曳航されて前進すると、オスマン軍の艦船がガレアス船の間をすり抜けようとしたときに側舷から激しい砲火を浴びせ、オスマン軍を圧倒したという。

ただし、ガレアス船の大砲が活躍したのはここまでで、以降の海戦ではガレオン船同士の戦いとなった。

レパントの海戦で使われたガレアス船

■ヴェネツィア共和国製
■16世紀後半製作

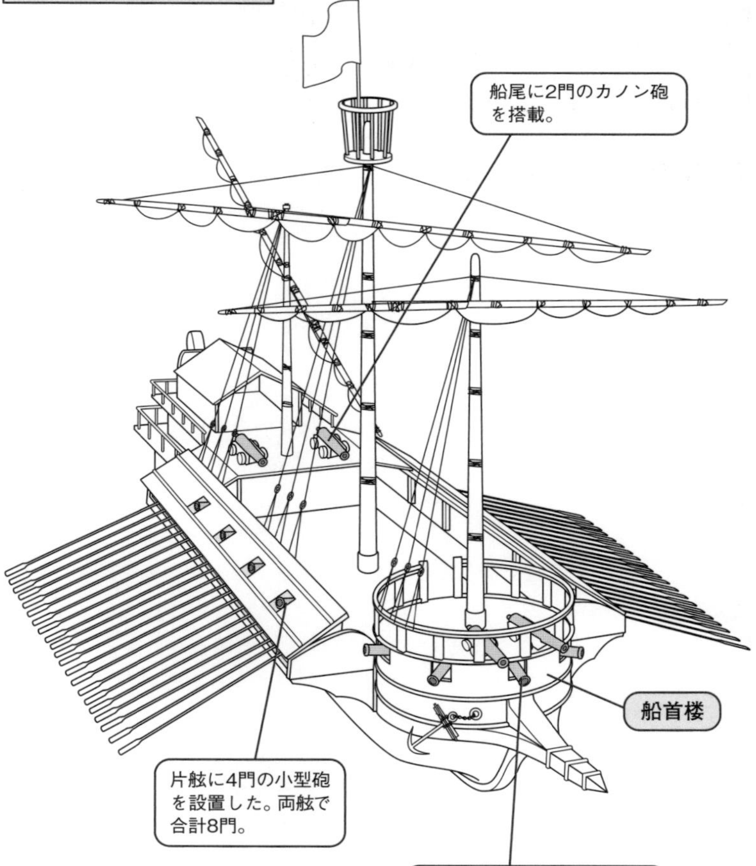
船尾に2門のカノン砲を搭載。
船首楼
片舷に4門の小型砲を設置した。両舷で合計8門。
50ポンドカノン砲と25ポンドカノン砲合計8門を設置。

関連項目

●「艦載砲」の登場は海上戦をどう変えた？→No.064
●接近戦用に用意された「旋回砲」とは？→No.071

No.068

艦載砲はどこに設置されていたか?

艦載砲は当初、船首か船尾に設置されていたが、のちに舷側に設置されるようになった。そして砲門という穴が開いた部屋に大砲を設置することで、多数の艦載砲を搭載できるようになった。

●小型の艦載砲を舷側に設置

大砲は15世紀後半から船に載せられていたが、はじめは口径の大きい大砲1～3門を船尾か船首に載せていた。

しかし、これでは重心がどちらか一方にかかりすぎてしまい、船が安定しなかった。

そのため、艦載砲を大型のものから小型のものに変えて、それを船のへりに並べるようになった。そして、舷側に墻《しょう》という防御壁を作って砲撃手を守るようにした。これが、後代の砲列甲板につながった。

とはいえ、大砲は小型になったとはいっても、ガレアス船登場前のガレー船では舷側に多数の大砲を並べると場所をとり、兵士たちの動きが妨げられるという欠点があった。しかし、距離の離れた敵船を攻撃できるメリットは大きく、多少邪魔であったとしても艦載砲が船上から姿を消すことはなかった。

そして16世紀後半になって大きなガレアス船が開発されると、甲板も広くなり、大砲を搭載しても兵士の動線を確保できるようになった。

さらに、大砲を舷側に並べるだけでなく、砲門と呼ばれる穴が開いた部屋に大砲を設置するようになった。砲門から砲口が突き出るような形で大砲を設置した。この砲門の登場により、船のバランスや兵士の動線を考えた設計が可能となり、艦載砲も多く搭載できるようになった。そして砲門は2段・3段に増えていった。

一方で、初期のガレアス船には手で漕ぐためのオールがついていたが、多数の艦載砲の搭載によってオールが邪魔になり、風を受けて移動する帆走船が主流となった。

初期の艦載砲の設置

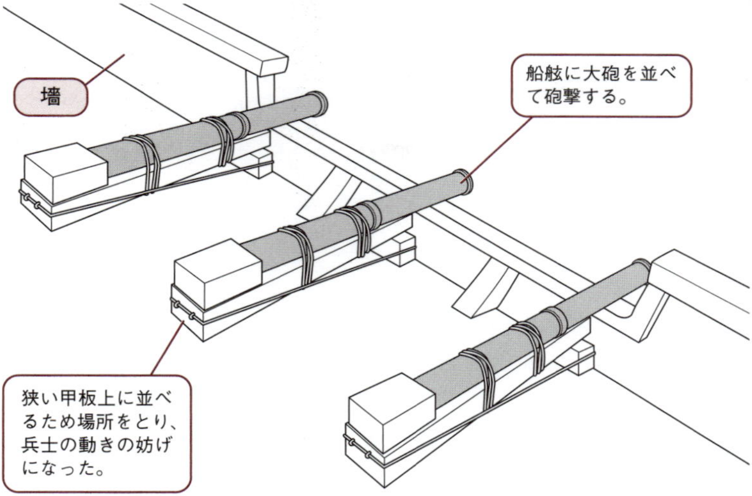
墻
船舷に大砲を並べて砲撃する。
狭い甲板上に並べるため場所をとり、兵士の動きの妨げになった。

船舷に砲門を設置

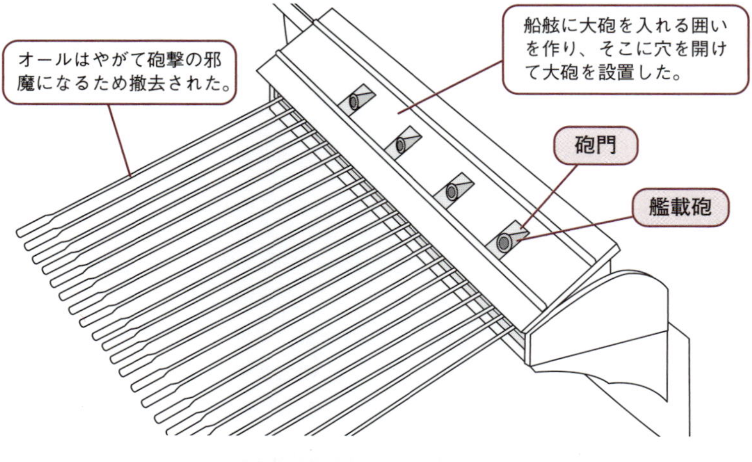
オールはやがて砲撃の邪魔になるため撤去された。
船舷に大砲を入れる囲いを作り、そこに穴を開けて大砲を設置した。
砲門
艦載砲

関連項目

●艦載砲を設置するための砲門とは？→No.069
●「艦載砲」の登場は海上戦をどう変えた？→No.064

No.069

艦載砲を設置するための砲門とは？

現代の軍艦には砲門がついていないものが多いが、中世から近代にかけての軍艦には、砲門がついているのが普通だった。ここでは砲門と大砲の関係について紹介していく。

●砲門内で艦載砲はどう置かれたか

砲門が考案されてからも、大砲を甲板上に並べる船もあったが、19世紀初頭までは、艦載砲は船舷に砲門を作り、そこに大砲を設置する形が主流だった。当時の艦載砲は、敵船を撃沈させることが主目的ではなく、設備を破壊し船上の兵士を殺傷することに重点が置かれていたため、なるべく多数の大砲を搭載したほうが有利だったからだ。

艦載砲を砲門に設置する際は、２～４つの車輪を取り付けた砲架に砲身を載せ、舷側に開いた穴、すなわち砲門に砲口を突き出すように設置する。このとき、船内のスペースを確保するために、砲脚はつけない場合が多かった。

19世紀の中頃に後装式の大砲が主流になるまでは、艦載砲も前装式が使われていた。大砲は砲撃時の反動で砲身が後方に下がるが、狭い船内での砲身の後退を極力抑えるため、駐退索というロープが大砲に取り付けられた。駐退索は舷に取り付けられた鉄環に連結させて、砲身が大きく後退しないようにしたのである。

また、砲口を砲口甲板の窓から外に出さなければならなかったため、砲弾と火薬を装填後、速やかに砲架を前進できるように、滑車と太いロープを取り付けた。

艦載砲は車輪つきの砲架を使ってはいたが、移動する必要がある場合は、砲身を砲架から取り外して移動させた。当初の艦載砲は、砲架の各部分が１枚板で作られており、砲身の取り外しは砲耳を締めつけている左右２枚の金属板を外せば簡単に取り外すことができた。スペースが限られている船内では、砲架ごと移動させるよりは砲架と砲身を分けて運んだほうが、効率がよかったのである。

艦載砲の設置

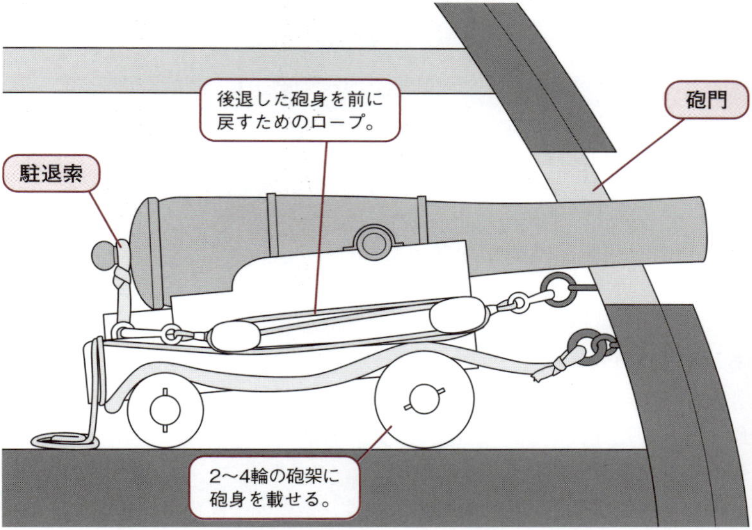
後退した砲身を前に
戻すためのロープ。
砲門
駐退索
2～4輪の砲架に
砲身を載せる。

駐退索の使い方

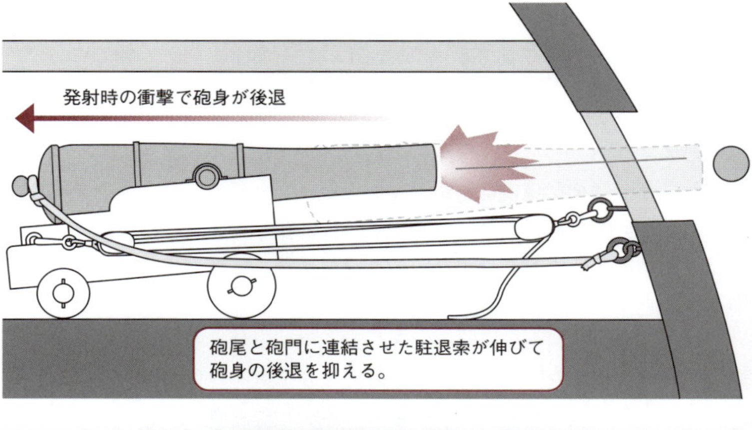
発射時の衝撃で砲身が後退
砲尾と砲門に連結させた駐退索が伸びて
砲身の後退を抑える。

関連項目

●艦載砲はどこに設置されていたか？→No.068
● 100門以上の大砲を搭載した船とは？→No.073

No.070

16世紀後半には後装砲が船に搭載された？

16世紀中頃までの艦載砲の主流は前装式だったが、16世紀後半には後装式が搭載されることもあった。後装式の利点は前装式より時間がかからないことだったが、当時の後装式は前装式よりも時間がかかったという。

●当時の後装砲が時間がかかったわけ

16世紀後半のレパントの海戦は本格的に大砲を使ったはじめての海戦だった。この戦いでは、ガレアス船に搭載されていたカノン砲だけでなく、あと数種類の火砲が使われた。

当時の艦載砲の多くは前装式の青銅製大砲だったが、青銅製の大砲は高価であったため、このときのガレー船に搭載された大砲のうちの多くは鉄製の後装式艦載砲だった。

当時、船に搭載された後装式の大砲は、砲尾の一部分が取り外せるようになっているカートリッジ式だった。取り外したカートリッジ式の砲尾部分に火薬を詰めて、砲弾を砲身に装填してから砲尾に装着するというものだった。

そして、砲撃の衝撃で砲身と砲尾が離れないように楔で固定した。なかには重りをつけて砲尾が動かないようにするものもあった。

また、砲耳がまだなかったため、砲架にロープで砲身を頑丈に縛り付けていた。

砲架に車輪はまだついていなかったため、ロープで砲身と砲架を縛り付けておかないと、砲撃後に砲身が砲架から外れて甲板上を転がってしまうことがあったためである。また、しっかりと縛り付けることで、砲撃時の砲身の後退を極力抑えることもできた。

鋳鉄技術が未熟だった当時、後装式の大砲は砲身が破裂することも多く、砲手たちは砲撃する際に砲身が壊れないように十分に祈ってから砲撃したという。そのため、装填から発射まで時間がかかる前装式以上に、砲撃までの時間がかかった。

初期の後装式艦載砲

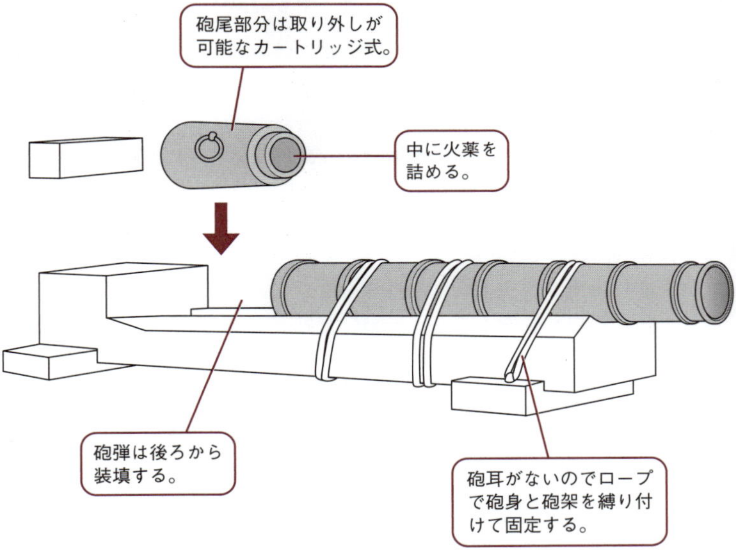
砲尾部分は取り外しが
可能なカートリッジ式。
中に火薬を
詰める。
砲弾は後ろから
装填する。
砲耳がないのでロープ
で砲身と砲架を縛り付
けて固定する。

前装式より砲撃までに時間がかかった

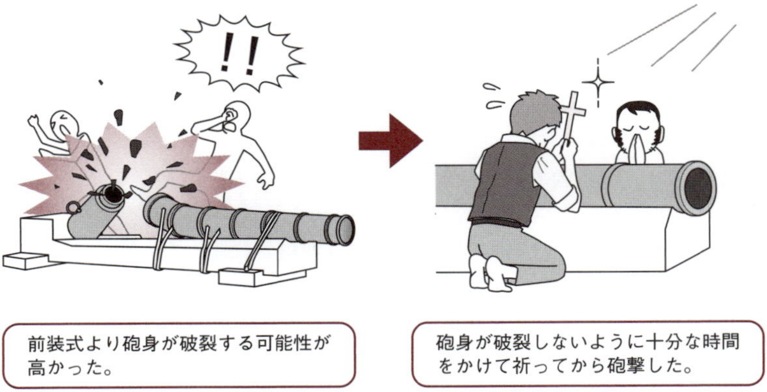
!!
前装式より砲身が破裂する可能性が
高かった。
砲身が破裂しないように十分な時間
をかけて祈ってから砲撃した。

関連項目

●レパントの海戦で使用された艦載砲とは？→No.067
●後装式が主流にならなかった理由は？→No.007

No.071

接近戦用に用意された「旋回砲」とは？

艦載砲の登場によって、海上における長距離砲撃が可能になったが、接近戦がなくなったわけではない。そこで、接近戦用に開発されたのが「旋回砲」という火砲だった。

●360度回転した旋回砲

大砲が船に搭載されるようになったあとでも、海上戦において接近戦や接舷してからの白兵戦がなくなったわけではなかった。そのため、接近してくる敵に対応するために、主砲よりも小型の大砲が軍船に搭載されるようになった。

そのひとつに、旋回砲（スイベル砲）という兵器がある。

旋回砲は、規格が決まっていたわけではないが、おおむね口径が２インチ（約5.1センチメートル）以下で、砲身長が１メートルほど、砲弾重量は0.5～１ポンド（約227～454グラム）ほどという小型の前装砲である。

旋回砲は専用の三脚砲架か、船舷に据え付けた旋回砲架に設置して使用された。旋回砲の砲架は回転するように作られており、旋回砲が小型で軽量だったため、360度回転することが可能だった。これは、接近戦で使うことを想定した場合、旋回砲は敵船上の狙撃手や索具を扱う船員など多様な相手を目標としなければならず、砲撃方向が固定されていては使えなかったからである。

そのため、旋回砲の砲撃範囲は広く、砲弾を装填する際も砲身を１回転させて弾を詰めることができた。

1571年のレパントの海戦でも、旋回砲は使用された。

この旋回砲はカートリッジ式の後装砲で、三脚式の砲架に設置され船舷に並べられた。口径や砲身長など詳しいスペックは不明だが、砲弾は１ポンド（約454グラム）の鉄弾を使用し、場合によっては大小の鉄片を詰めて発射することもあったという。

旋回砲（スイベル砲）

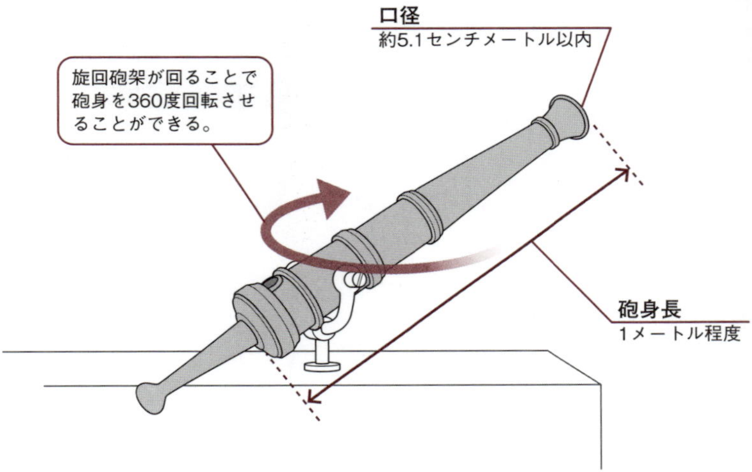
口径
約5.1センチメートル以内
旋回砲架が回ることで砲身を360度回転させることができる。
砲身長
1メートル程度

後装式旋回砲（スイベル砲）

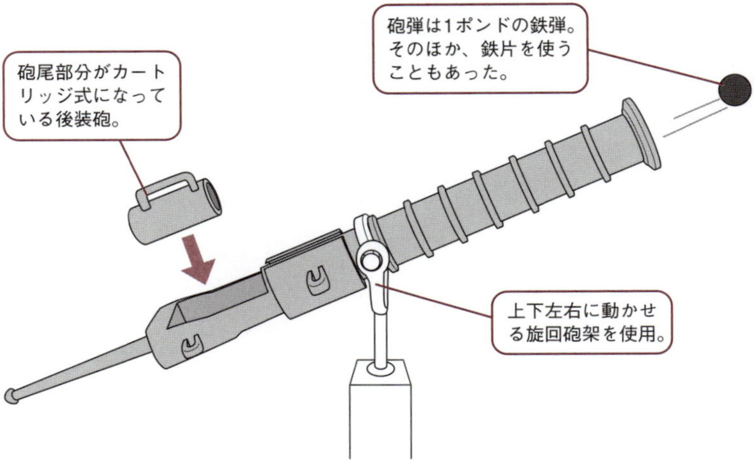
砲弾は1ポンドの鉄弾。そのほか、鉄片を使うこともあった。
砲尾部分がカートリッジ式になっている後装砲。
上下左右に動かせる旋回砲架を使用。

関連項目

●「艦載砲」の登場は海上戦をどう変えた？→No.064
●レパントの海戦で使用された艦載砲とは？→No.067

No.072

アルマダの海戦でも使われた「カルバリン砲」とは？

艦載砲にはカノン砲が多く使われたが、カルバリン砲という大砲も使用された。カノン砲よりも小型だったカルバリン砲とはどのような大砲だったのか？

●カノン砲より長い大砲

カルバリンとはラテン語の「ヘビ（colubra)」が由来といわれており、その名のとおり砲身を長くした大砲のことである。16世紀のイングランドで使われたカルバリン砲は、通常で砲身が約３～3.3メートルほどだった。

カルバリン砲は1592年のスペインの写本にはすでに登場しており、砲架に載せられている。砲架はほかの種類の大砲よりも傾斜がついているのが特徴だ。

カルバリン砲の口径は約13～16センチメートルほど。カノン砲の口径が約20センチメートルだから、それよりも小さかった。カルバリン砲より砲身を少し短くしたデミカルバリン砲は、さらに口径が小さく、約10センチメートルほどだった。

カルバリン砲の砲弾はカノン砲よりも小さく、小さいもので18ポンド（約９キログラム）から最大で50ポンド（約22.7キログラム）までが使われた。ちなみに、カノン砲は通常、60ポンド（約27.2キログラム）以上の砲弾を使用した。

砲身が長く、砲弾が小さいため、カノン砲よりも初速が速く、砲架に載せられていたので安定した弾道を得ることもできたカルバリン砲は、艦載砲として重用された。そこで、さらに軽量化した「12ポンド中型カルバリン」や「18ポンド３型カルバリン」などのカルバリン砲も作られた。

また、カルバリン砲はその特性から艦載砲として使用され、1588年のアルマダの海戦ではイングランドがカルバリン砲を駆使してスペイン艦隊を翻弄した。しかし、口径の小さいカルバリン砲では、相手に決定的な打撃を与えることはできず、長い砲身はかえって船内では邪魔になったため、後装式のカノン砲が開発されると取って代わられた。

カルバリン砲

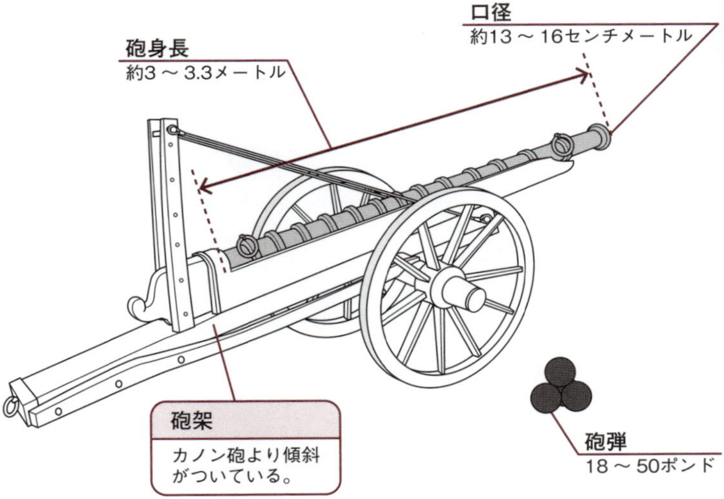
口径
約13 ～ 16センチメートル
砲身長
約3 ～ 3.3メートル
砲架
カノン砲より傾斜がついている。
砲弾
18 ～ 50ポンド

カルバリン砲とほかの大砲との比較

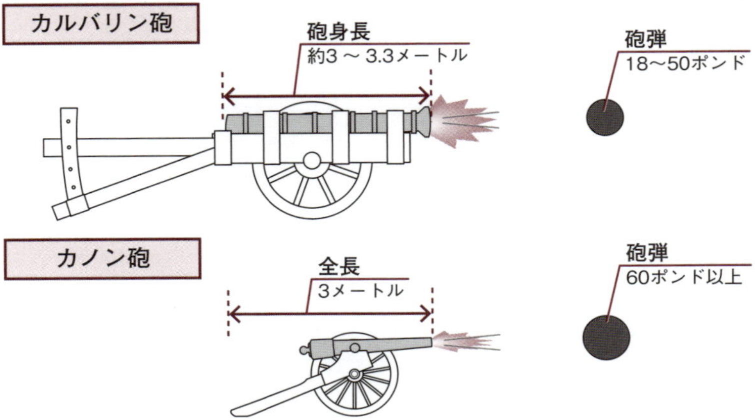
カルバリン砲
砲身長
約3 ～ 3.3メートル
砲弾
18～50ポンド
カノン砲
全長
3メートル
砲弾
60ポンド以上

関連項目

●「カノン砲」は時代によって分類法が違う？→No.029

No.073

100門以上の大砲を搭載した船とは？

艦載砲の威力が認識されはじめると、より多くの大砲を船に搭載するようになっていった。やがて艦載砲はひとつの船に100門以上も搭載される時代となる。

●３層の砲列甲板の登場

レパントの海戦や、それに続くアルマダの海戦（1588年）によって、艦載砲の重要性は高まった。当時の大砲は前装砲が主流であり連射ができなかったので、多くの大砲を搭載することでその欠点を補おうとした。オールをすべて取り払った大型軍船であるガレオン船が登場して海戦の主役となると、多くの大砲が船に載せられるようになった。

17世紀に入ると、100門近い大砲を搭載した軍船は珍しくなくなり、1637年進水のイギリスのロイヤル・ソブリン号には、３層の甲板に102門の大砲が設置されていた。そして３層の砲列甲板を設けることが一級の軍船とされ、甲板が２層もしくは３層ある軍船を「戦列艦」と呼ぶようになった。

ちなみに、砲列甲板は天井までの高さは２メートルにも満たない狭い空間で、１発砲撃するたびに煙が充満し、それは息もできないほどだったという。甲板上には砲弾が積み上げられ、さらに砲身の中を冷やすための冷水入りの桶やタルが置かれていたので、砲列甲板はさらに狭くなった。また、光は砲門から差し込んでくるだけの暗い空間で足元も見えず、足が滑らないように甲板上には塩がまかれていた。

当時の艦載砲のほとんどはカノン砲で、最大で36ポンド砲が搭載された。最大射程は700～800メートルほどだったが、敵船との距離を測るのは砲手の目測によっていたため、有効射程は300～400メートルだった。

19世紀に入っても、主力艦の「大艦多砲」の流れは変わらず、トラファルガーの海戦（1805年）のときのネルソンの旗艦「ヴィクトリー号」は、３層の砲列甲板に120門の大砲が搭載されていた。

しかし、19世紀に入って鉄製の戦艦が登場すると、36ポンド砲では鉄板を撃ち抜けなくなり、艦載砲は少数巨砲の傾向が強まっていくことになる。

3層の砲列甲板をもったロイヤル・ソブリン号

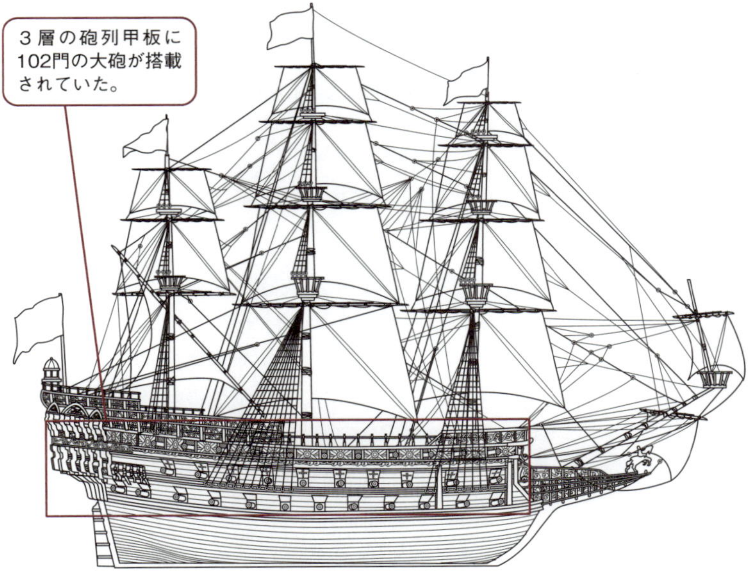
3層の砲列甲板に
102門の大砲が搭載
されていた。

砲列甲板の中

足を滑らせないよう
に塩がまかれている。
天井までの高さは
2メートルにも満
たない。
砲身内を冷やすための
の冷水入りのタル。

関連項目

●艦載砲はどこに設置されていたか？→No.068
●艦載砲を設置するための砲門とは？→No.069

No.074

艦載砲はいつから「少数巨砲」になったか？

19世紀に入るまで、各国の一級戦艦には100門以上の大砲が搭載されていた。しかし、やがて艦載砲の数は少なくなるが、艦載砲の数が減ったきっかけとは何だったのか。

●大艦多砲から少数巨砲へ

18世紀後半に起こった産業革命により蒸気船が誕生し、19世紀半ばには鉄製の船、いわゆる装甲艦が開発された。船を鉄で作る技術は18世紀にすでにあったが、19世紀に入って水の中で鉄を腐食させない技術や、鉄製の船体が磁気コンパスを狂わせないようにする技術が開発されたのだ。また、1853年のシノープ湾の海戦で、木造艦のトルコ艦隊がロシア艦隊の砲撃により全滅したことから、木造の戦艦は姿を消すことになった。

船体が鉄で作られるようになると、これまでの艦載砲では威力が足りなくなった。そこで、艦載砲は砲口を大きくして、重い砲弾を発射できるように、1門あたりの攻撃力を高める改良がなされた。そのため、大砲自体も重くなり、数多くの大砲を甲板に並べることができなくなり、艦載砲は従来の「大艦多砲」から「少数巨砲」へと移っていった。たとえば1880年代のイギリスでは、口径412ミリメートルの111トン砲という巨大な大砲が船に載せられていた。

1906年に進水したイギリスの「ドレッドノート」には、主砲として12インチ（約30.5センチメートル）45口径砲が10門、二次的砲として3インチ（約7.6センチメートル）40口径砲が24門、合計34門が搭載された。1805年に進水したネルソン旗艦の「ヴィクトリー号」には120門が搭載されていたので、わずか100年で艦載砲の数は約4分の1にまで減ったのである。12インチ45口径砲は連装砲で、5つの回転砲塔に搭載されていた。連装砲とは、ひとつの砲塔に2門以上を搭載した大砲のことである。ドレッドノートはひとつの回転砲塔に2門が搭載され、船首と船尾にひとつ、船舷にふたつ、船首と船舷の間にひとつ設置され、この形が以降の戦艦にも踏襲された。

艦載砲が少数巨砲になった理由

理由1

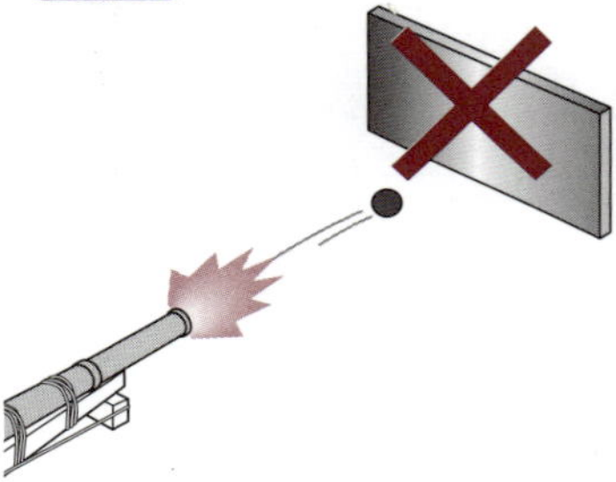

鉄製の船が主流となり、これまでの艦載砲では威力が足りなくなった。

理由2

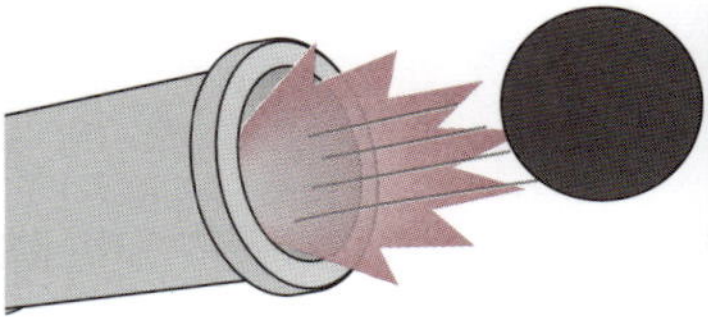

威力を上げるために砲口を大きくし、重い砲弾を発射できるようにした。

ドレッドノートの艦載砲の位置

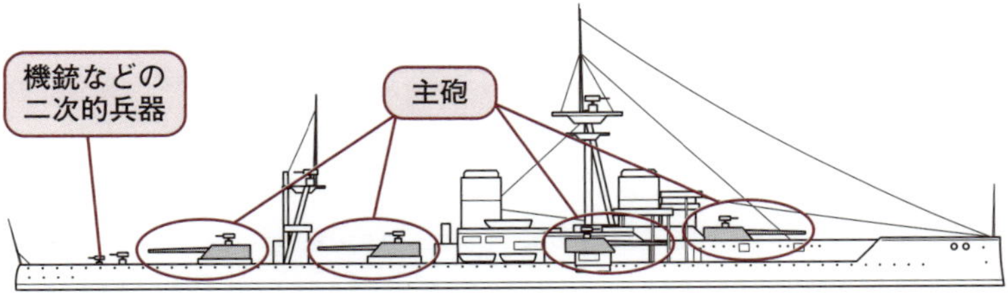
機銃などの
二次的兵器
主砲

▼上から見た簡略図

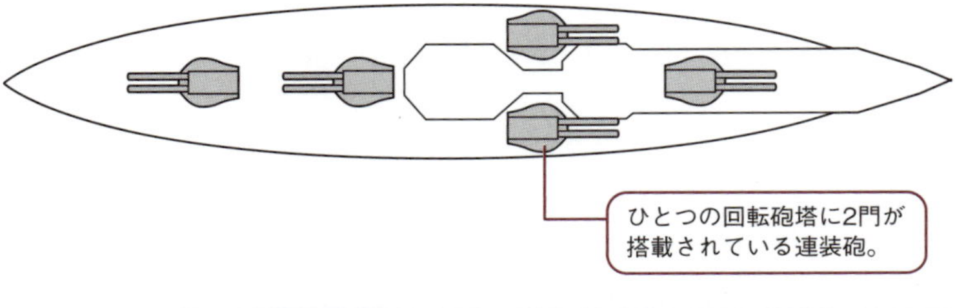
ひとつの回転砲塔に2門が
搭載されている連装砲。

関連項目

● 100門以上の大砲を搭載した船とは？→No.073
●艦載砲の二次的砲、艦載速射砲とは？→No.076

No.075

船に搭載されたカノン砲より軽い大砲とは？

カノン砲、カルバリン砲のほかに、「カロネード砲」という大砲も艦載砲として使用された。カノン砲と同程度の口径をもちながら軽量だったカロネード砲とは、どういう大砲だったのか。

●カノン砲とともに使われた「カロネード砲」

18世紀の中頃まで、軍船に搭載する大砲の主流となったのは、カノン砲だった。しかし、一方でカノン砲よりも破壊力の高い艦載砲の要求が高まった。そこで、1776年、イギリスの海軍中尉ロバート・メルビルが発案して、破壊力を高めた「カロネード砲」が開発された。

カロネード砲は、カノン砲と同じくらいの大きな口径（約114.5～204.72ミリメートル）なのに砲身が短いという点に特徴があり、砲身は26～60インチ（約66～152.4センチメートル）だった。当時のカノン砲の砲身が80～120インチ（約203.2～304.8センチメートル）だったから、その半分以下の長さになったことになる。

砲身が短くなったため、総重量もカノン砲の半分ほどまで軽量化することができた。24ポンド砲で比べると、カノン砲が約2.1トンに対してカロネード砲はその半分以下の0.6トンという軽さだった。軽量化は積載をより簡単にし、より少ない砲手で運用できるというメリットもあった。また砲身が短いぶん、砲弾の装填にかかる時間もカノン砲に比べると短くなった。

当時のカノン砲は最大でも32ポンド（約14.5キログラム）の砲弾しか発射できなかったが、カロネード砲はそれ以上の42ポンド（約19.1キログラム）、60ポンド（約27.2キログラム）、68ポンド（約30.8キログラム）の３種類の砲弾を発射できた。

しかし、砲身の短さゆえに射程距離は短く、射程距離が1500メートルを超えるカノン砲に対して、カロネード砲は最大でも1200メートルほどが限界だった。そのため、カロネード砲だけを搭載することはなく、カノン砲と併用して使われることが多かった。

カロネード砲

■イギリス製
■1776年製作

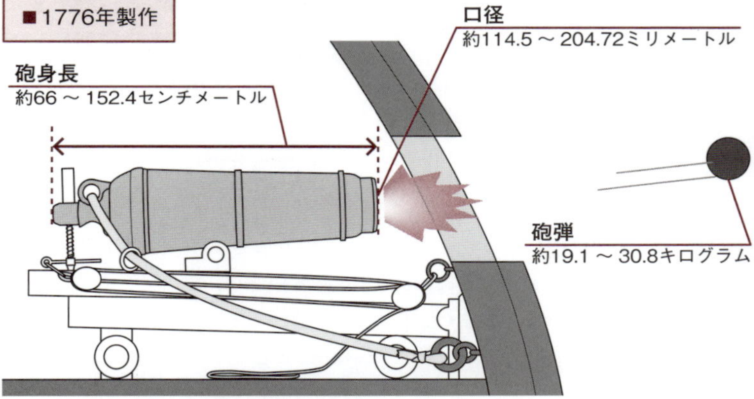
口径
約114.5 ～ 204.72ミリメートル
砲身長
約66 ～ 152.4センチメートル
砲弾
約19.1 ～ 30.8キログラム

カノン砲との比較

カロネード砲

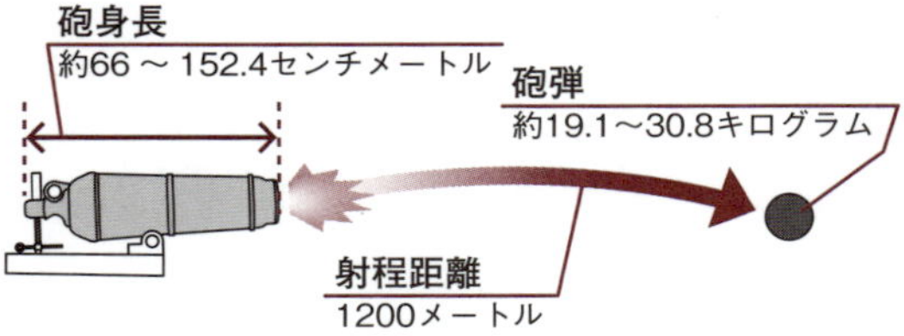
砲身長
約66 ～ 152.4センチメートル
砲弾
約19.1～30.8キログラム
射程距離
1200メートル

カノン砲

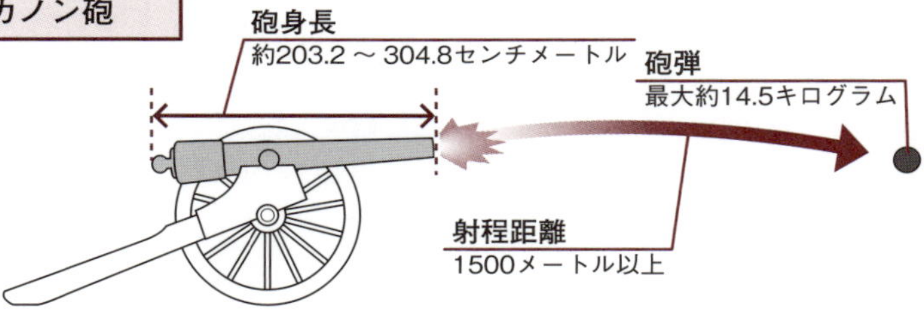
砲身長
約203.2 ～ 304.8センチメートル
砲弾
最大約14.5キログラム
射程距離
1500メートル以上

関連項目
●レパントの海戦で使用された艦載砲とは？→No.067
●アルマダの海戦でも使われた「カルバリン砲」とは？→No.072

No.076

艦載砲の二次的砲、艦載速射砲とは？

装甲で覆った頑丈な軍艦の登場によって、艦載砲は少数巨砲の傾向が強まった。しかし水雷艇の登場により、小型の艦載砲が再び必要となった。これを代表するのが、「ホッチキス速射砲」である。

●水雷艇の登場で開発された

艦載砲が少数巨砲になったとはいえ、小回りのきく小型の大砲も船に搭載する必要はあった。とくに、1880年代に機雷や魚雷で攻撃する、戦列艦より機動力を備えた「水雷艇」が登場すると、ドレッドノートに搭載されたような300ミリメートルを超える口径の巨砲では、相手の水雷艇の動きに対応しきれなかった。

そこで、発射速度の速い軽量の大砲を船に載せるようになった。これを艦載速射砲といい、1886年にフランスで開発された「ホッチキス QF 3ポンド砲」や「ホッチキス QF 6ポンド砲」が有名だ。

ホッチキス QF 6ポンド砲は、口径が57ミリメートル、砲身長が188センチメートルの小型の大砲で、毎分25発を発射できる速射砲である。「QF」とは「Quick-Firing」の略で「速射」という意味で、「6」は6ポンド（約2.7キログラム）の砲弾を発射するという意味である。

ホッチキス QF 6ポンド砲は後装式のライフル砲で、垂直鎖栓式の閉鎖機を使用した。砲尾に取り付けた肩当てパッドに砲手が肩をあて、照準を合わせて発砲した。

イギリスでも、同様の理由で艦載速射砲が同時期に開発され、1890年に6インチ（約152ミリメートル）速射砲が完成した。ホッチキス QF 6ポンド砲よりもかなり大きく、口径は約152ミリメートル、砲身長は約425センチメートルで、発射速度は毎分7発だった。発射する砲弾もホッチキス QF 6ポンド砲より重く、45.3キログラムの砲弾を発射した。

6インチ速射砲は日露戦争のときのロシア艦隊にも搭載されており、戦後の戦利品として日本にももたらされている。

艦載速射砲（ホッチキス QF 6ポンド砲）

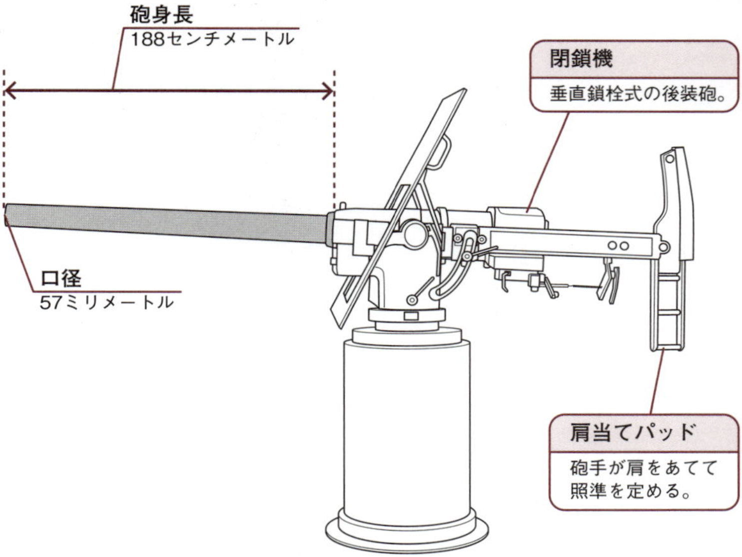

艦載速射砲登場の理由

理由1

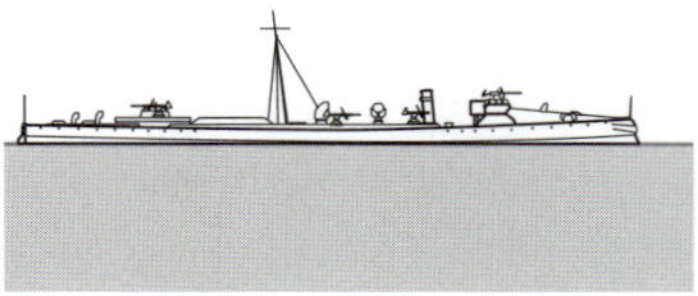

機雷や魚雷で攻撃する機動力のある水雷艇が登場した。

理由2

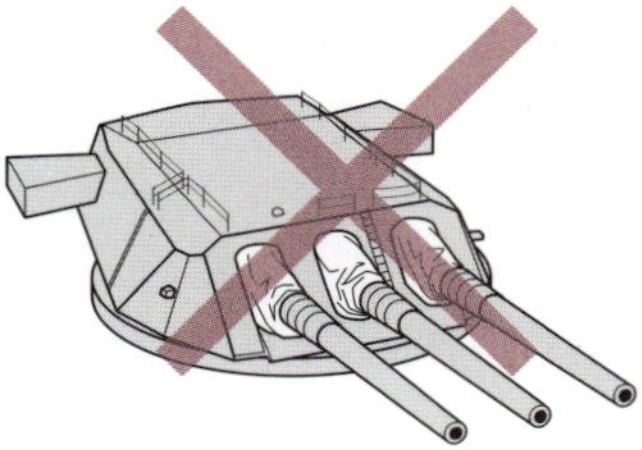

戦艦搭載の巨大艦載砲では、機動力のある水雷艇に対応できなくなった。

関連項目
●連続砲撃を可能にした「ガトリング砲」とは？→No.044
●水雷はどのように分類されるか？→No.079

No.077

艦載砲の攻撃範囲を広げる工夫とは？

艦載砲が大型化していくと、船のバランスをとることが難しくなっていった。そこで考案されたのがドレッドノート式の砲塔である。この砲塔はどういう形で大砲を設置したのだろうか。

●回転する砲塔を利用

大砲を船に搭載する際には、基本的に右舷と左舷に同じ大砲を設置しなければならない。そうしないと船のバランスが崩れてしまうからだ。

しかし、装甲艦に対応するために艦載砲が巨大化すると、左右に大きな大砲をふたつ載せて、それぞれが一方向に砲撃するのでは効率が悪いと考えられるようになった。

また、巨砲用の砲列甲板を用意するのも困難であると同時に、艦載砲の威力が向上したことで、船舷に穴を開けることは危険になった。艦載砲は上甲板に設置されることになり、甲板上に載せた巨砲を防御する必要もあった。

そこで、巨大な主砲を艦の中央に置いて、砲塔に２門以上の主砲を設置することで左右のどちらにも砲撃を可能にするドレッドノート式が考案された。また、砲塔は、砲列甲板と同様に、敵の攻撃から砲手の身を守る役割も担った。

できるだけ広範囲への砲撃を可能とするために、砲塔は回転するように作られた。大砲が設置された部屋を砲室と呼び、大砲を方向転換する際には砲室自体を回転させる。開発当初の原始的な回転砲塔は、甲板上に大砲を入れた砲室を設置し、ジャッキで砲室全体を持ち上げて回転させた。砲弾は砲室の下の甲板に置いてあり、砲室を回転させ終わってから、下の部屋から滑車装置を使って釣り上げた。

その後、砲室を回転させるための推進力が水圧式になったり、油圧式になったり、砲弾をリフトで運ぶようになるなどの改良が加えられたが、大砲を砲室ごと回転させることと、砲弾を下の部屋から砲室に運ぶという仕組みは変わらなかった。

初期の回転砲塔

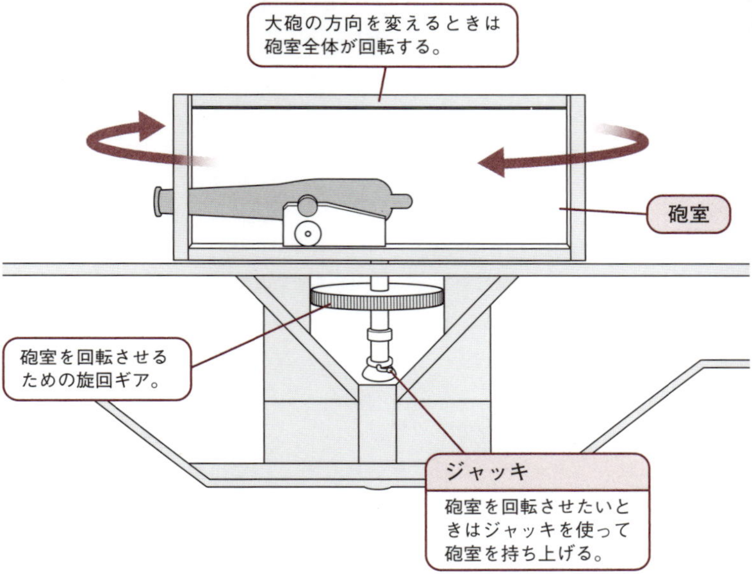
大砲の方向を変えるときは
砲室全体が回転する。
砲室
砲室を回転させる
ための旋回ギア。
ジャッキ
砲室を回転させたいと
きはジャッキを使って
砲室を持ち上げる。

2門の回転砲塔

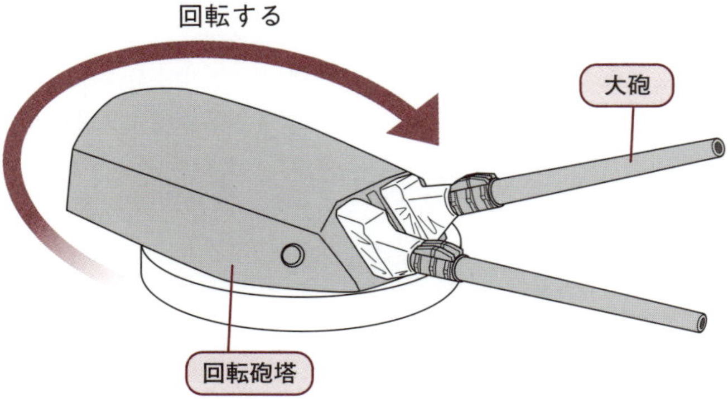
回転する
大砲
回転砲塔

関連項目

●艦載砲はいつから「少数巨砲」になったか？→No.074

No.078

大砲を搭載した日本最初の戦艦「扶桑」とは？

四方を海に囲まれた日本は、列強と対峙するためには海軍力を増強しなければならなかった。明治維新以降、戦艦の建造が急ピッチに進められ、大砲を搭載した戦艦「扶桑」が誕生した。

●中央砲郭艦を採用した戦艦

1878年、日本で最初とされる戦艦「扶桑《ふそう》」（初代）が完成した。扶桑は中央砲郭艦という種類の戦艦である。

中央砲郭艦とは、装甲で覆った箱の中に大砲を配置し、その箱を艦の中央部の中甲板に設置したものだ。その箱を「砲郭」（ケースメート）という。

大砲は、ひとつの箱の四隅に配置され、レール（これを軌条という）の上に載せられた。そのレールの上を滑らせることで、限定的ながらも大砲を移動できるという特徴があった。

それまでの艦載砲は、設置したら大砲ごと移動させない限りは、一方向にしか砲撃できなかった。その点、中央砲郭艦のように軌条を使って大砲を動かせれば、砲口の向きを簡単に変えることができるので、艦の斜めにも射撃することが可能となった。このタイプの艦載砲は、当時としては画期的だった。

また、従来の艦載砲は上甲板に設置されたが、中央砲郭は中甲板に設置されたので、上甲板に設置するマストなどの帆走設備の邪魔にならないというメリットもあった。

搭載された大砲は、24センチメートル砲（口径24センチメートル、砲身長4.8メートル）４門と、17センチメートル砲（口径17センチメートル、砲身長4.25メートル）２門、7.5センチメートル砲（口径7.5センチメートル、砲身長2.25メートル）４門の、計10門だった。

この戦艦「扶桑」は、日本海軍が誕生してはじめての戦艦だったが、排水量3776トン・全長67メートルというのは、当時の各国の戦艦に比べれば貧弱だった。

戦艦扶桑の大砲の配置

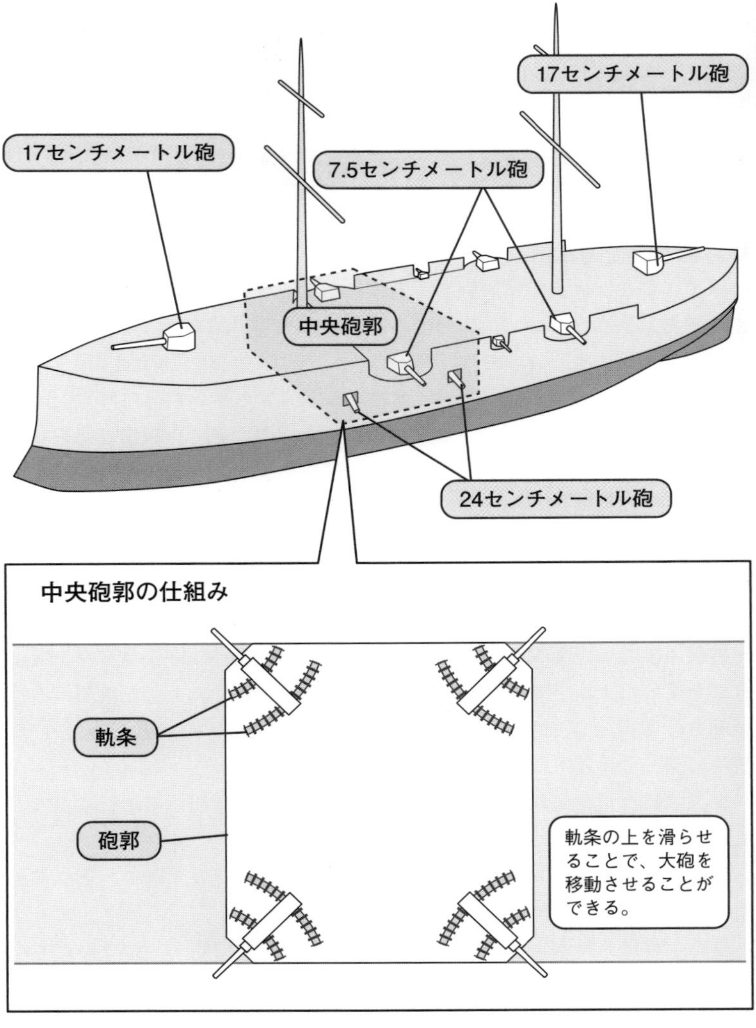
17センチメートル砲
17センチメートル砲
7.5センチメートル砲
中央砲郭
24センチメートル砲
中央砲郭の仕組み
軌条
砲郭
軌条の上を滑らせることで、大砲を移動させることができる。

関連項目

●艦載砲を設置するための砲門とは？→No.069

No.079

水雷はどのように分類されるか?

艦載砲とともに、海上の兵器として近代になって開発されたのが「水雷」である。ひとくちに水雷といってもさまざまな種類があるが、ここでは太平洋戦争時の日本がどう分類していたのかを説明する。

●4種類の管制水雷

厳密にいえば火砲ではないが、火薬の爆発力を利用する兵器として「水雷」がある。水雷とは、金属製の容器の中に火薬を詰めて、水中で爆発させて敵を攻撃する兵器の総称である。

太平洋戦争時の日本海軍では、水雷を遊動水雷と機雷に分けていた。遊動水雷とは移動の際に人為的な力が加わる水雷のことで、機雷はおもに潮流の力によって動く水雷である。遊動水雷を代表するのが魚雷で、機雷を代表するのが爆雷だ。

遊動水雷はさらに、操縦が可能な管制水雷と、操縦できない非管制水雷に分けられる。管制水雷には外装水雷、曳進《えいしん》水雷、他動水雷、自動水雷の4種類があった。

外装水雷とは、船首から突き出た10メートルほどの長さの棒の先端に火薬を詰めた金属製の容器(火薬罐《かん》という)を装着し、それを敵船に直接接触させて爆発させたものである。敵船からは丸見えの状態だったので、夜陰に乗じて接近するのが通常だった。

曳進水雷とは、火薬罐に綱を結びつけ、それを引き回して敵船にぶつける水雷である。

他動水雷は、陸上の爆発装置とケーブルでつないだ火薬罐で、それを海底に設置して、任意の時間に爆発させた。

自動水雷は他動水雷と同様に、火薬罐をケーブルで陸上とつないだもので、火薬罐内のガスの力で火薬罐をある程度操縦することができた。

これらの4つの水雷は、より高性能の魚雷が開発されたため、第二次世界大戦前にはすでに使われなくなった。

水雷の分類

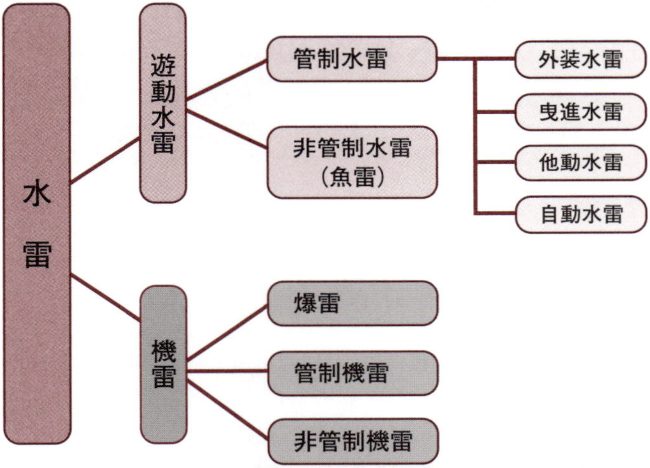
水雷
遊動水雷
機雷
管制水雷
非管制水雷
（魚雷）
外装水雷
曳進水雷
他動水雷
自動水雷
爆雷
管制機雷
非管制機雷

他動水雷の仕組み

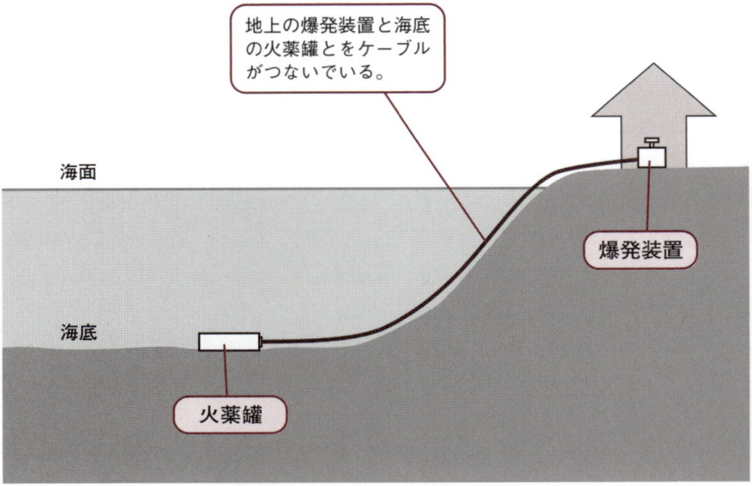
地上の爆発装置と海底の火薬罐とをケーブルがつないでいる。
海面
海底
爆発装置
火薬罐

関連項目

●遊動水雷を代表する「魚雷」とは？→No.080
●水雷のひとつ「機雷」の仕組みは？→No.085

No.080

遊動水雷を代表する「魚雷」とは？

非管制水雷を代表する水雷が「魚雷」である。水中を自力で航行して敵船を攻撃する魚雷は、いつ頃に開発された兵器で、どの程度の威力を有していたのだろうか。

●最初の魚雷は１９世紀半ばのイギリス製

戦前の日本海軍では、遊動水雷を管制水雷と非管制水雷とに分けていたが、非管制水雷を代表するのが「魚雷」である。魚雷とは、水中を与えられた深度を維持しながら自力で進んで、目標物に衝突して破壊する兵器で、1864年にイギリスで開発された「ホワイトヘッド」に端を発する。

ホワイトヘッドは直径が36センチメートル、長さが２メートル。葉巻型の細い円筒状をしていて、後部にスクリューがついており、スクリューの推進力によって自力航行した。

ホワイトヘッドは先端部分には火薬と信管がつけられ、内部には空気をためておく鋼製の気室と、海底に沈まないようにするための浮体が設けられていた。先端の信管が目標物に接触すると作動して爆発する構造である。

本体内の気室の中には圧搾空気がため込まれていて、これをまず本体内の加熱装置に送り込む。ここで空気にアルコールが噴射されて空気が燃焼し、さらに真水が噴射される。燃焼空気と真水が反応して高温高圧の水蒸気となり、この水蒸気が機関室に送り込まれてピストンを駆動し、尾端のスクリューを回転させて推進力とする仕組みだった。圧搾空気を使い切るまで航行が可能で、これが射程距離となり180メートルくらいだった。

1900年代になると、小型の蒸気機関を使って、機関室に送り込まれる空気に熱を加えて、その熱エネルギーで推進力を向上させる開発が行われた。これにより射程距離が伸び、1908年にホワイトヘッド社が開発した魚雷は速度23ノットで射程距離4000メートルを実現した。

このように、ホワイトヘッドが採用した、圧搾空気の力でスクリューを回して魚雷を自力で潜航させるという方法は、1940年代の第二次世界大戦の頃まで魚雷の基本構造となった。

ホワイトヘッドの構造

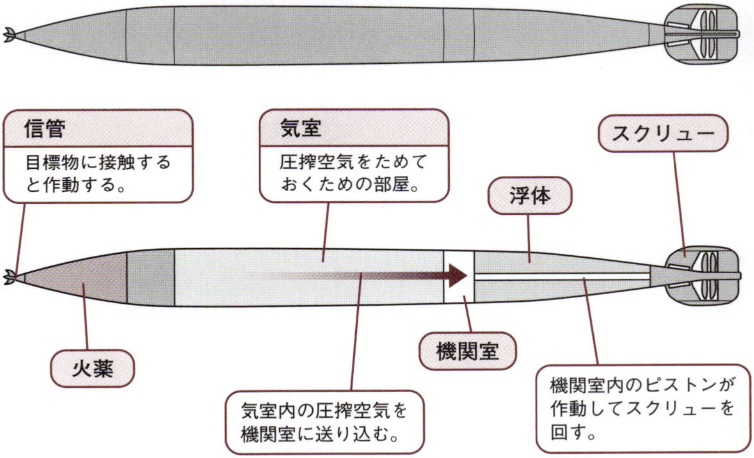
信管
目標物に接触すると作動する。
気室
圧搾空気をためておくための部屋。
スクリュー
浮体
火薬
機関室
気室内の圧搾空気を機関室に送り込む。
機関室内のピストンが作動してスクリューを回す。

空気に熱を加える仕組み

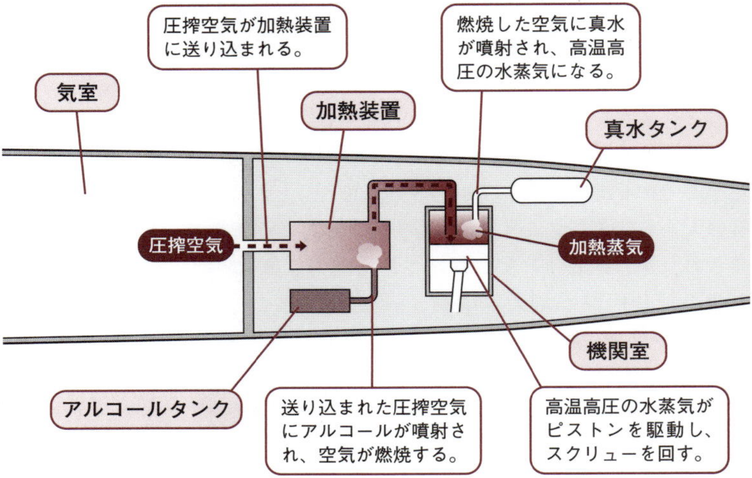
圧搾空気が加熱装置に送り込まれる。
燃焼した空気に真水が噴射され、高温高圧の水蒸気になる。
気室
加熱装置
真水タンク
圧搾空気
加熱蒸気
機関室
アルコールタンク
送り込まれた圧搾空気にアルコールが噴射され、空気が燃焼する。
高温高圧の水蒸気がピストンを駆動し、スクリューを回す。

関連項目

●水雷はどのように分類されるか？→No.079
●魚雷を発射するための装置は？→No.082

No.081

日本が開発した「酸素魚雷」とは？

魚雷の威力を認識した各国は、それぞれに魚雷の開発をはじめた。海軍国だった日本では、とくに魚雷の性能の向上をめざす傾向があり、ついに長距離射程の「酸素魚雷」の開発に成功した。

●射程距離を伸ばす工夫

1864年に魚雷が開発され、その後、各国での開発がはじまった。

ホワイトヘッド式の魚雷の弱点は、圧搾空気を燃焼させることで推進力を得ていたことだった。

空気が燃えるのは、空気中に含まれる酸素が燃焼するからである。しかし空気の組成は、おおまかにいうと窒素が約78%、酸素はわずか22%に過ぎない。この比率は、たとえ空気を圧縮しても変わらない。

圧搾空気を利用するホワイトヘッド式の魚雷は、気室内の圧搾空気を使い切るまで航行する仕組みであり、射程距離は空気内の酸素の量に比例した。すなわち射程距離を伸ばすためには、酸素の量を増やすしかないのだが、燃焼に不要な窒素を含めた空気の量を増やさなければならない。そうなると、気室を大きくして空気量を増やすことになるわけで、魚雷本体が巨大化してしまい、船に搭載できなくなるという具合だった。

そこで、不要な窒素を取り除いて、気室内をすべて酸素で満たせば、気室の大きさは変えずに射程距離を伸ばせるという考えで「酸素魚雷」が開発されたが、1935年に制式採用された酸素魚雷は、同時期のアメリカ製魚雷の射程距離が最大で8000メートル（32ノット）、ドイツのそれが14000メートル（30ノット）だったのに対し、最大で40000メートル（36ノット）の射程距離を誇った。

また、圧搾空気を利用した各国の魚雷は、窒素が水に溶けにくいため、空気が燃焼して窒素が水中に放出されると泡になり、魚雷の進行を探知されやすかった。しかし、酸素魚雷は窒素を放出しないため白い線が残らず、敵に見つかりにくいというメリットもあった。

ホワイトヘッド式魚雷の射程距離

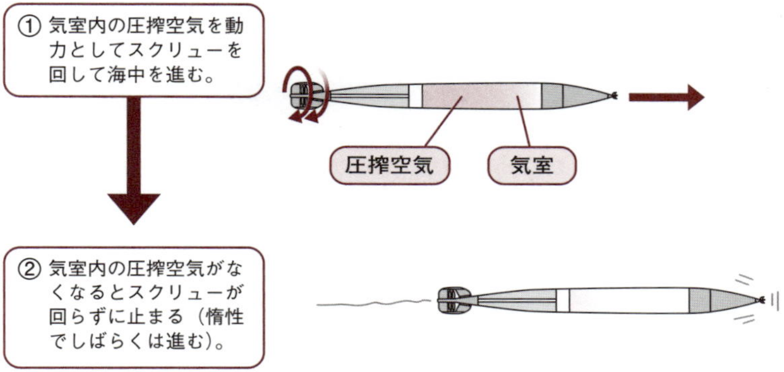
① 気室内の圧搾空気を動力としてスクリューを回して海中を進む。
圧搾空気
気室
② 気室内の圧搾空気がなくなるとスクリューが回らずに止まる（惰性でしばらくは進む）。

※ 初期のホワイトヘッドの射程距離は約180メートルだった。

酸素魚雷のメリット

メリット1　射程距離が伸びる

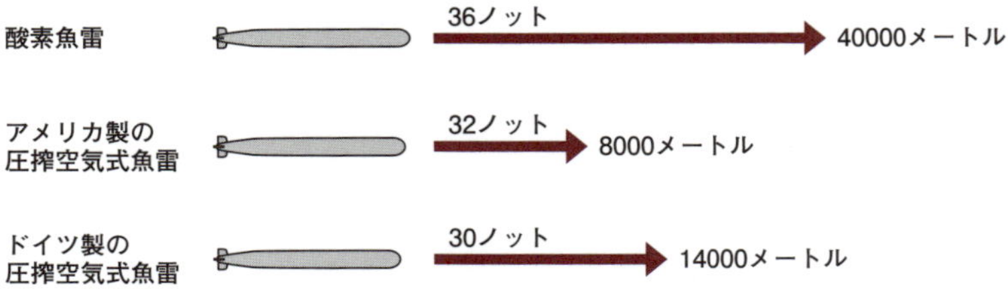
酸素魚雷
36ノット
40000メートル
アメリカ製の圧搾空気式魚雷
32ノット
8000メートル
ドイツ製の圧搾空気式魚雷
30ノット
14000メートル

メリット2　敵に見つかりにくい

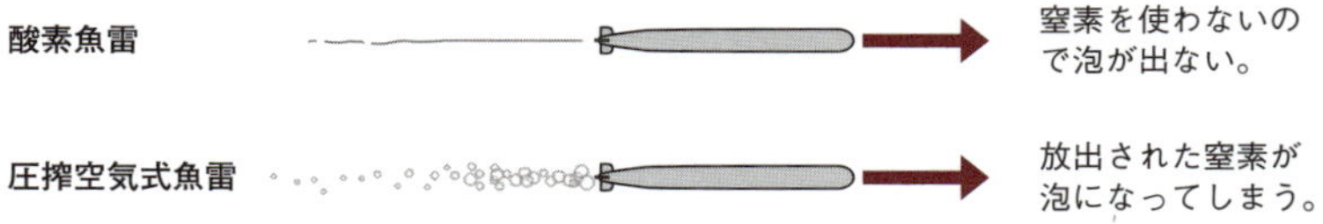
酸素魚雷
窒素を使わないので泡が出ない。
圧搾空気式魚雷
放出された窒素が泡になってしまう。

関連項目

●遊動水雷を代表する「魚雷」とは？→No.080
●魚雷を発射するための装置は？→No.082

No.082

魚雷を発射するための装置は？

魚雷を発射するためには発射管が必要だった。発射管には水上発射管と水中発射管とがあったが、それぞれどのような仕組みで魚雷を発射していたのだろうか。

●水上発射管と水中発射管

魚雷を発射するための装置を魚雷発射管という。まず研究開発されたのが、水上発射管だ。水上発射管とは、船の甲板上から魚雷を発射するための装置である。

当初の発射管は、ほかの大砲と同様に、火薬の爆発力を利用して発射させる仕組みだった。しかし、大砲の砲弾に比べて容積のある魚雷を発射させるための爆発の威力は強力で、管尾を中心に発射管の強度を上げなければならなかった。そこで、火薬の代わりに圧搾空気を利用して発射する方法が編み出された。しかも、圧搾空気の利用は、火薬を使ったときに発射炎によって敵に位置を探知される危険性を排除することにもなった。

水上発射管は魚雷本体が入れられる筒状のもので、管尾から魚雷を入れる。下部に発射用の圧搾空気タンクが取り付けられていて、そこから吹き込み管を通って圧搾空気が管内に送り込まれ、その空気の力で魚雷を外に押し出すという構造だった。押し出された魚雷はそのまま自力で潜航する。発射管は車輪つきの円形の台に載せられ、これで発射方向を変えられた。

発射管にはもうひとつ、水中発射管がある。これは文字どおり、水中で魚雷を発射するための装置である。水上発射管との大きな違いは、水中で発射するため、水が管内に入らないような構造になっている点だ。形状は水上発射管と同じく筒状で、前部は水が入ってこないように水密扉で閉められていて、管尾には圧搾空気タンクから空気を管内に送り込む配管がついている。発射する際には、水密扉を開いて、空気が管内に送り込まれて、その圧力でピストンが前進して魚雷を発射する。このとき海水が管内に入り込むが、後方に排水管が設置されているので、ピストンの後退とともに海水は外に放出される。

水中発射管の仕組み

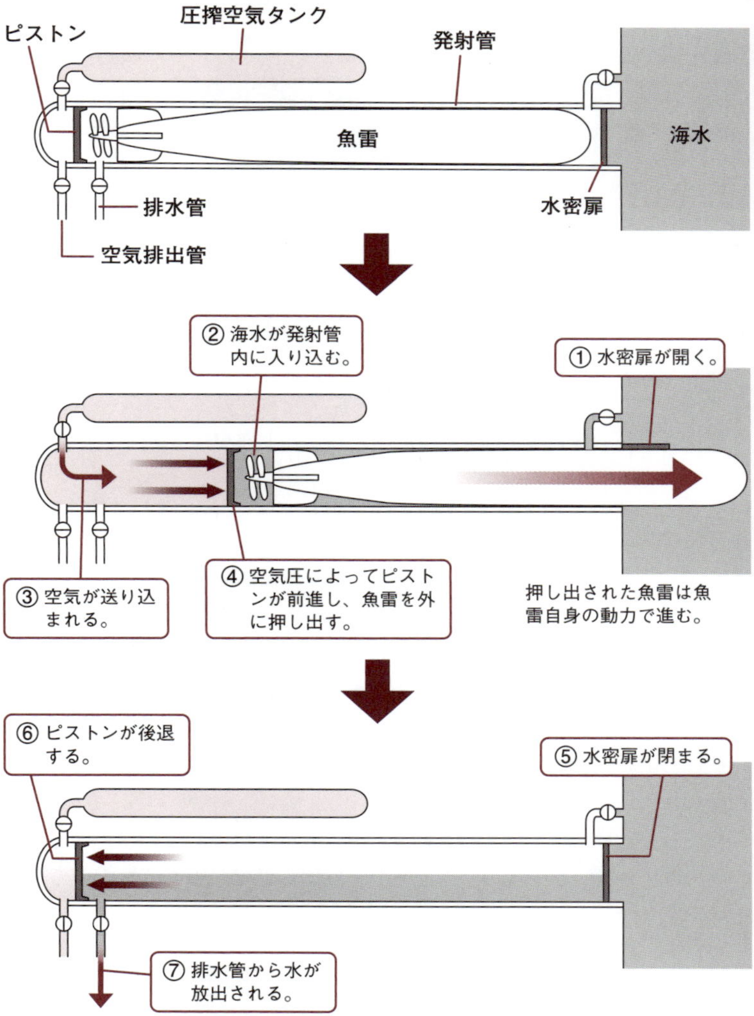
圧搾空気タンク
ピストン
発射管
魚雷
海水
排水管
水密扉
空気排出管
② 海水が発射管内に入り込む。
① 水密扉が開く。
③ 空気が送り込まれる。
④ 空気圧によってピストンが前進し、魚雷を外に押し出す。
押し出された魚雷は魚雷自身の動力で進む。
⑥ ピストンが後退する。
⑤ 水密扉が閉まる。
⑦ 排水管から水が放出される。

関連項目

●遊動水雷を代表する「魚雷」とは？→No.080
●魚雷を命中させるための方法とは？→No.083

No.083

魚雷を命中させるための方法とは？

魚雷は速度が速い兵器ではなかったため、１発の命中率は非常に低かった。そのため、何本かをいっせいに発射するなどの工夫が必要だった。命中率を上げるために、どのような方法がとられたのだろうか。

●スピードの遅い魚雷では命中させられない

魚雷を戦場で使う場合、目標物に直接照準を合わせて発射しても命中することはほぼない。なぜなら魚雷のスピードが遅く、相手も動いているからだ。

開発当初の魚雷の速度は11ノットほどだったが、その後開発工夫が進んで、第二次世界大戦の頃には最大で48ノットの速度を誇る魚雷が登場していた。

しかし、48ノットといっても、時速89キロメートルほどに過ぎない。４キロメートル離れて発射したとすると、到達までに約３分かかる計算で、目標物が30ノットで動く船だったとすると、魚雷が到達する頃には目標物は約2.7キロメートルも移動してしまうのである。

そのため、魚雷を発射する際には、目標物がどこへ移動するかを予測して発射しなければならなかった。その際には目標物の針路（的針という）、目標物の速度（的速）、自艦の針路（自針）、自艦の速度（自速）、魚雷の速度（雷速）、彼我の距離（照準距離）などのデータをもとに、発射位置を決めた。

しかし、目標物である敵船は直進してくれるとは限らないし、魚雷の航行中に海流の影響を受けることもあり、緻密に計算しても百発百中の兵器とはならなかった。

そこで、魚雷を使う場合は、魚雷を何本かいっせいに発射して、そのうちの数本を命中させるという戦術がとられた。その際には、それぞれの発射角度を少しずつ変えて、数本の魚雷の航路が扇状の形になるように発射して、目標物の予想外の動きなどに対応できるようにした。

また、異なる２方向から魚雷を発射するという戦術もあった。

魚雷発射の基本

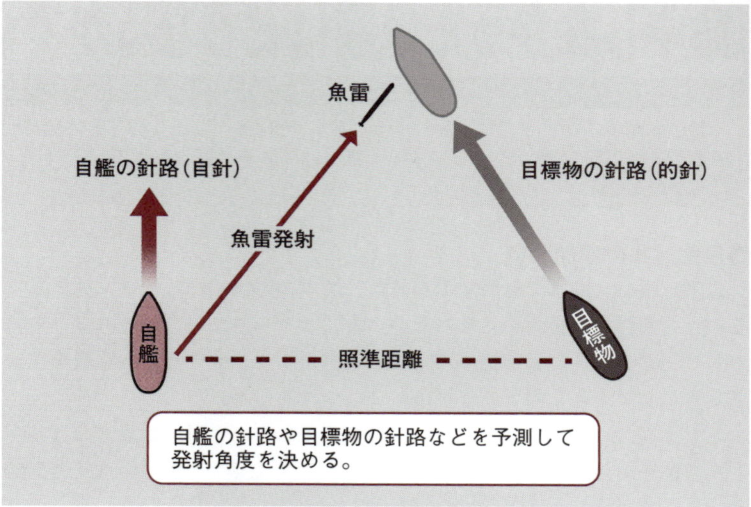
魚雷
自艦の針路（自針）
目標物の針路（的針）
魚雷発射
自艦
照準距離
目標物
自艦の針路や目標物の針路などを予測して
発射角度を決める。

扇状に発射する

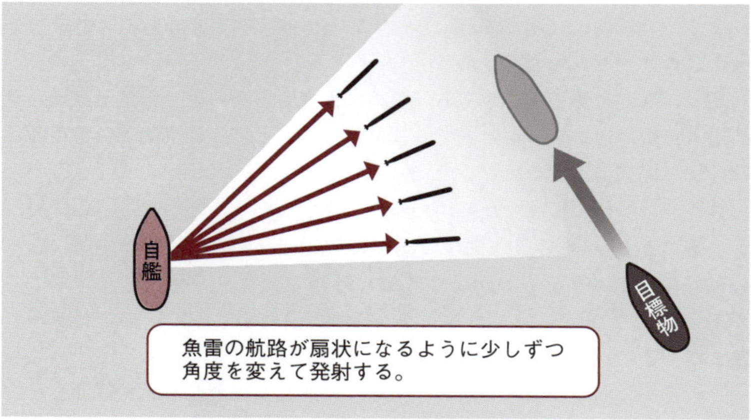
自艦
目標物
魚雷の航路が扇状になるように少しずつ
角度を変えて発射する。

関連項目

●魚雷を発射するための装置は？→No.082
●遊動水雷を代表する「魚雷」とは？→No.080

No.084

命中しなかった魚雷はどうなるか？

１発の命中率が低かった魚雷は、いっせいに発射することで命中率の悪さをカバーしていたが、それでは命中しなかった魚雷はどうなってしまうのだろうか。

●魚雷は命中率が悪い

魚雷を敵船に向けて発射する際には、数本の魚雷をいっせいに発射して、そのうちの何本かを命中させるという方法がとられていた。それは、魚雷のスピードが遅いことが理由だったが、魚雷１本が命中しても戦艦を沈没させることはできないという理由もひとつにあった。

たとえば、太平洋戦争時の日本では、酸素魚雷という射程距離が３万メートルを超える魚雷が開発されたが、スラバヤ沖海戦（1942年）では15000メートル内外の距離から16本の魚雷を発射して、命中したのはわずか２本だった。

それでは、命中しなかった魚雷はどうなるのだろうか。

まず、目標物に到達する前に自爆するという事例が多かった。これは信管の誤作動がおもな要因である。

次に、海底に沈む場合がある。魚雷は推進力となる圧搾空気（酸素魚雷の場合は酸素）を使い切るまで航続可能だが、本体内の空気がなくなればそのまま海底に沈むわけだ。

また、目標物に接触したものの爆発しないということも起こった。これも自爆のときと同様に、信管の不具合が原因である。太平洋戦争時、日本の油槽船がアメリカの潜水艦が発射した11本の魚雷の命中を受けたことがあった。このうち10本が不発で、日本の油槽船は魚雷が突き刺さったまま基地までたどり着いたという。

そのほか、沿岸停泊中の敵船に向けて発射した場合の不発魚雷は、そのまま沿岸に乗り上げることもあった。また、目標物を越えて別の船に接触して爆発するということも、まれにあったといわれる。

魚雷が命中しなかったときのパターン

①目標物に到達する前に自爆

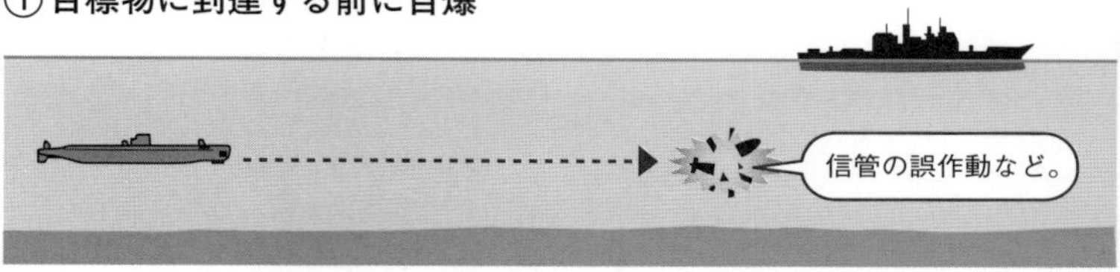
信管の誤作動など。

②海底に沈む

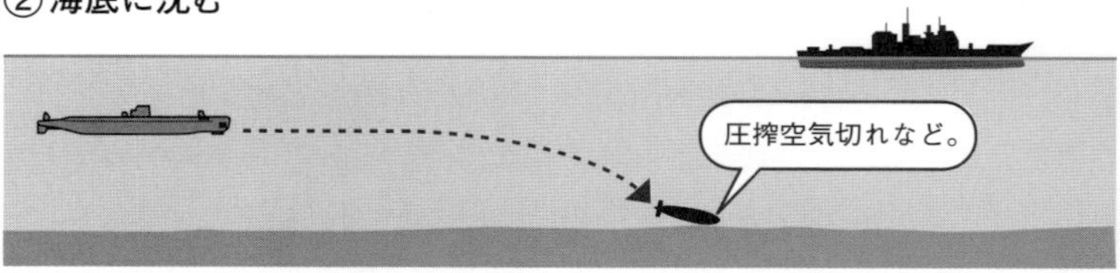
圧搾空気切れなど。

③目標物に接触しても爆発しない

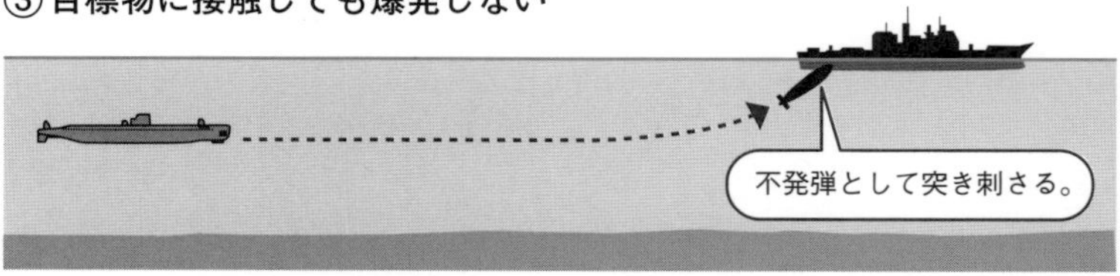
不発弾として突き刺さる。

ほかにも

狙いを外し陸が近くにあったとき

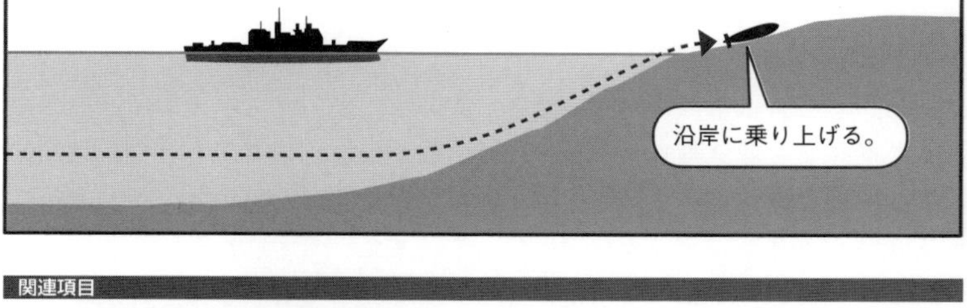
沿岸に乗り上げる。

関連項目

●魚雷を命中させるための方法とは？→No.083
●魚雷を発射するための装置は？→No.082

No.085

水雷のひとつ「機雷」の仕組みは？

水雷のひとつに分類される「機雷」とは、水中や水上に置くもので、それに接触することで爆発攻撃する兵器である。機雷にはいくつかの種類があり、ここではそれを紹介する。

●3種類に分類される機雷

水雷は遊動水雷と機雷に大別されるが、機雷とは水中や水上に置かれて、船が接近あるいは接触したときに爆発する水雷兵器である。

機雷には、さらに「浮遊機雷」「係維式機雷（触発機雷）」「感応式機雷（沈底機雷）」などの種類がある。

浮遊機雷は、風や潮流の力で水中や水上を漂う機雷である。接触したら爆発する仕組みで、深度の深さに関係なく設置できる点がメリットだ。

係維式機雷とは、機雷が開発された当初からあるスタンダードな機雷である。係維式機雷は、機雷本体と鋼板製の箱とをロープでつないだもので、重りによって水中に係留する機雷だ。鋼板製の箱のことを自動係維錘といい、ロープを係維索という。

自動係維錘の中には係維索を巻いた軸があり、一方の端に鉛をつけて水中に出しておく。鉛を水中に投入すると、自動係維錘も沈み、係維索が伸びていく。水中で伸びきった係維索は、端につけられた鉛が落下するのに伴い、箱の中の軸に巻き戻される。そして、鉛が海底に到達すると箱内の軸に歯止めがかかって係維索の巻き戻りが止まり、その距離を保って自動係維錘が海底に到達し、機雷が水中に係留する。そして、敵船が接触すると爆発する仕組みである。

一方、感応式機雷は、浅海の海底に設置するタイプのもので、通過した船から発生する磁気やスクリューの音、微妙な水圧の変化などを感知して起爆する仕組みになっている。係維式機雷のように、物理的な接触がなくても攻撃が可能な点が大きな違いである。また、水中に浮遊する必要がないため、係維式機雷よりも機雷内部に炸薬を詰めることができたため、破壊力も増した。

機雷の種類

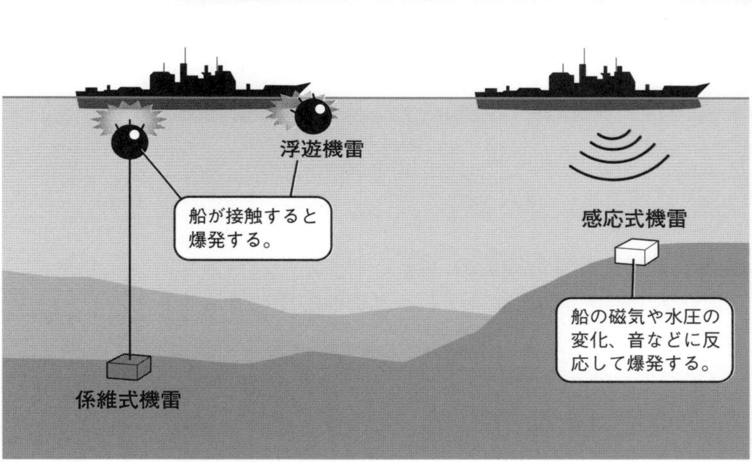
浮遊機雷
船が接触すると爆発する。
感応式機雷
船の磁気や水圧の変化、音などに反応して爆発する。
係維式機雷

係維式機雷の設置

①海中に投入する。 ②係維索が伸びるとともに鉛が落下する。 ③鉛が海底に到達し、係維索が固定される。 ④自動係維錘が海底に到達し、機雷が係留される。

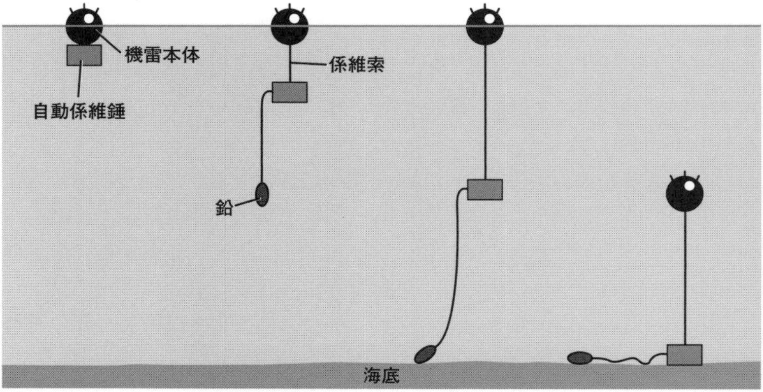
機雷本体
自動係維錘
係維索
鉛
海底

関連項目

●水雷はどのように分類されるか？→No.079
●潜水艦への攻撃専用の水雷とは？→No.087

No.086

中国で作られた機雷の元祖とは？

水雷の一種である機雷は、16世紀の中国で作られた兵器が元祖とされている。「水底龍王砲」といわれるものだが、どのような形状で、どういうふうに爆発させたのだろうか。

●水中で爆発させた機雷の元祖

水底龍王砲《すいていりゅうおうほう》は、16世紀の中国明王朝の時代に開発された水雷兵器で、機雷の元祖ともいえる兵器である。

水底龍王砲は金属製の球状の容器に火薬を詰めたもので、これを爆発させて敵を攻撃した。

容器の上部には小さい穴が開いていて、線香状に細くした可燃物をそこに差し込み、これに火をつけて可燃物が燃え尽きると火薬に点火し、爆発するという仕組みだった。そして、線香状の可燃物の長さを変えることで、爆発までの時間を調節できた。

水の中で使うために、火薬を詰めた容器を牛革製の袋に入れたうえで、水が染み込んでこないように漆や油を塗った。そして、容器が水面に浮かんでこないように重しを袋に入れた。

また、水中で移動できるように、木の板で作った筏の水面下に釣り下げて水中に投下した。水底龍王砲が爆発すれば、上についている筏も爆発によって破壊された。

ただ、このとき、火薬を入れた袋を完全に密封する技術がその当時はまだなく、そのため水中で浮遊しているうちに、袋内の空気は徐々に減っていってしまう。空気がなくなれば火は消えてしまうし、空気が減れば爆発力は小さくなる。

そこで、別の小型の筏を用意して、ふたつの筏を牛や羊の腸で作った管でつなぎ、水中の袋内に空気を供給できるようにした。

この小型の筏は、敵の目を欺くために、鳥の羽根などでカモフラージュすることもあった。

水底龍王砲

▼上から見た簡略図

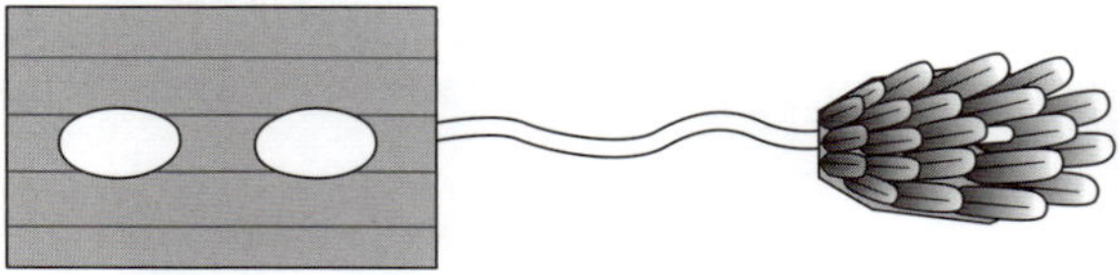

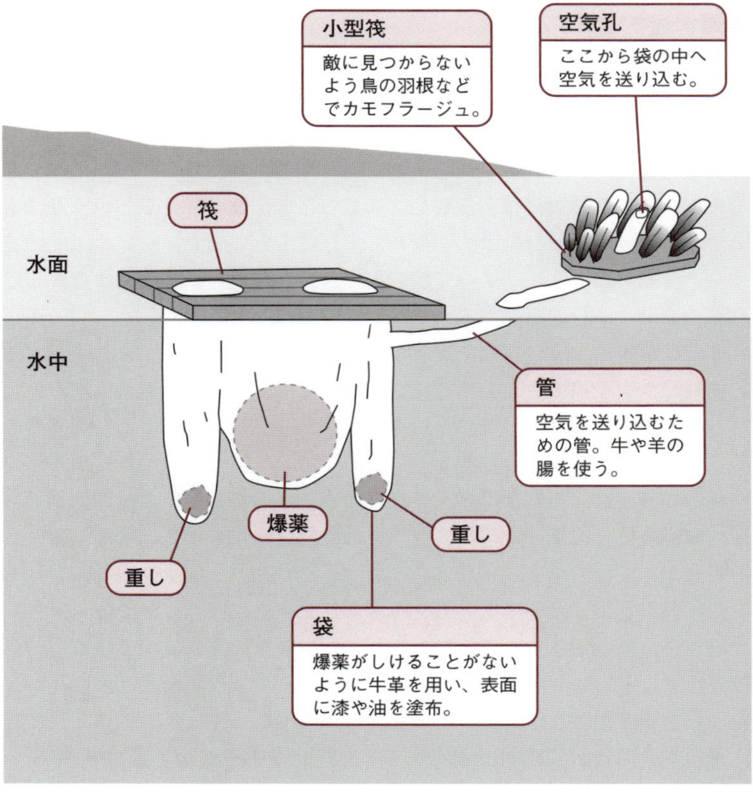
小型筏
敵に見つからないよう鳥の羽根などでカモフラージュ。
空気孔
ここから袋の中へ空気を送り込む。
筏
水面
水中
管
空気を送り込むための管。牛や羊の腸を使う。
爆薬
重し
重し
袋
爆薬がしけることがないように牛革を用い、表面に漆や油を塗布。

関連項目

●水雷のひとつ「機雷」の仕組みは？→No.085

No.087

潜水艦への攻撃専用の水雷とは？

魚雷、機雷とともに、三大水雷に数えられるのが、「爆雷」である。これは、近代になって開発された潜水艦に対応するために発明された水雷である。ここでは「爆雷」について解説する。

●潜水艦を攻撃する水雷

水雷の分類として、もうひとつ「爆雷」がある。爆雷とは、潜水艦を攻撃することを目的に開発された水雷の一種だ。

爆雷は機雷と同様、信管を作動させることで爆発させて敵を攻撃するものだが、機雷のように水中に係留させたり浮遊させたりして敵の来航を待つのではなく、時限信管を使用して任意のときに爆発させるという点に違いがある。爆雷の信管は水圧を探知して作動するもので、一定の深度に達すると作動した。水圧によって信管内の撃針が作動し、導火薬に点火して炸薬が爆発する仕組みである。

また、魚雷のように自動で潜航するシステムは搭載されておらず、内部の構造は魚雷や機雷よりも単純化できたため、より多くの炸薬を詰め込むことができた。実際、爆薬の内部構造はいたってシンプルで、信管と導火薬と炸薬のみで構成されている。

爆雷の外観は、通常は円筒状になっていて、小型のドラム缶のようである。鋼板製で、内部の中心部に円筒状の空洞を作り、そこに信管と導火薬を設置する。

信管の一端には爆発深度を調整するネジがついていて、深度何メートルで信管を作動させるかを設定した。ただし、センチメートル単位で細かく設定することはできず、「15、30、50、60メートルのうちのどれか」といったおおまかな調整しかできなかった。

爆雷が投入されて水中で爆発すると、爆発の中心から半径20～50メートルの範囲に爆発による衝撃波が伝わり、その範囲内にいる潜水艦にダメージを与えた。衝撃波は複数が重なれば相乗効果を生み出すため、爆雷を使う場合は一度に数発を投下する戦術がとられた。

爆雷の構造

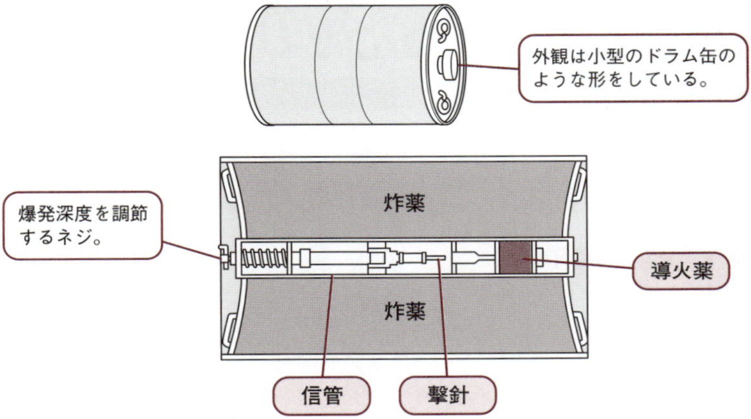
外観は小型のドラム缶のような形をしている。
炸薬
炸薬
爆発深度を調節するネジ。
導火薬
信管
撃針

爆雷の攻撃範囲

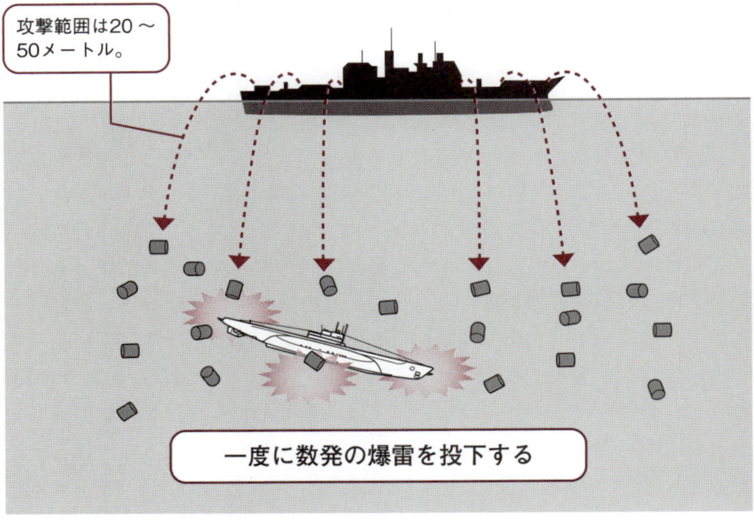
攻撃範囲は20～50メートル。
一度に数発の爆雷を投下する

関連項目

●水雷のひとつ「機雷」の仕組みは？→No.085
●爆雷を発射するための火砲とは？→No.088

No.088

爆雷を発射するための火砲とは？

爆雷は直接照準を定めて発射するものではなかったので、長い射程距離は必要とされなかった。そのため、当初は船上から人力で水中に投下されていた。その後、爆雷投射装置なるものが開発された。

●投下装置と投射装置

爆雷を海中に投入する場合、開発当初の20世紀前半の頃は、ひとつずつ人力で投下していた。

その後、爆雷を投下するための投下装置が開発された。装置とはいっても、4～6個の爆雷を箱状の入れ物に入れて、連続して投下できるようにしただけのものである。投下する際は、レバーを引いて投下口を開けるだけだった。ひとつが投下されたら、そのあとの爆雷が自動的に転がるように、爆雷を載せる台にはゆるやかな傾斜がつけられていた。

一度の攻撃で多数の爆雷を投下する戦術が一般的になると、真下に投下する投下装置だけでは不十分となり、爆雷を飛ばすための投射装置が開発された。

爆雷投射装置は、砲身に爆雷をセットして、火薬の爆発力で爆雷を飛ばす装置だ。砲身は砲口23センチメートル、砲身長70センチメートル、射角50度が標準だった。

爆雷は形状がドラム缶状であるため、砲口内に装填するのは難しく、投射箭と呼ばれる受け皿を砲身に入れて、その上に爆雷を載せた。また、ほかの大砲とは違い、火薬を装填する薬室は甲板に垂直になるようになっていた。これは、発射の衝撃による砲身の後退をなくすための措置である。しかし、当然ながらこれでは射程距離はかせげないわけだが、爆雷はもともと長距離射程が必要ではなく、50～200メートル先に投下できれば十分だった。

投射装置には両舷に向けて発射できるように、薬室を挟んで左右に投射装置が設置された両舷用投射装置もあり、左右に同時に発射することができた。

爆雷投下装置

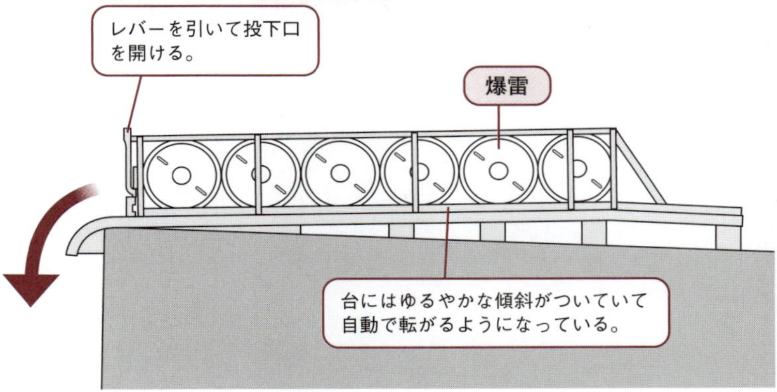
レバーを引いて投下口を開ける。
爆雷
台にはゆるやかな傾斜がついていて自動で転がるようになっている。

爆雷投射装置

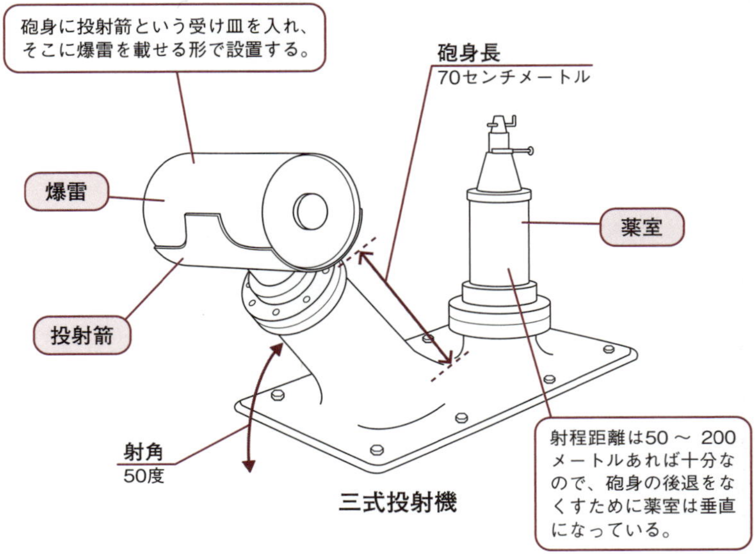
砲身に投射筒という受け皿を入れ、そこに爆雷を載せる形で設置する。
砲身長
70センチメートル
爆雷
薬室
投射筒
射角
50度
三式投射機
射程距離は50 ～ 200メートルあれば十分なので、砲身の後退をなくすために薬室は垂直になっている。

関連項目

●水雷のひとつ「機雷」の仕組みは？→No.085
●潜水艦への攻撃専用の水雷とは？→No.087

「小火器」の発達

火薬の爆発力を利用して弾丸を発射する兵器のことを「火器」といい、その中で口径が比較的大きい火器のことを「火砲」、あるいは「大砲」という。それに対して口径が小さく、比較的重量の軽い火器を「小火器（軽火器)」という。小火器は、原則として１人で携行し、装填から発射までを１人で運用できるものをいい、拳銃・小銃・軽機関銃などが小火器に分類される。

また、火器には「重火器」という分類もあり、大砲のほかに重機関銃を含める。

小火器と重火器の違いについては、歩兵部隊が扱う火器を小火器とし、砲兵などの専門兵が扱う火器を重火器と分類する考え方もある。

小火器は機能の違いによって単発銃、多銃身銃、連発銃、半自動銃、完全自動銃などに分類される。単発銃は発射後に手動で弾薬を装填しなければならないもの。多銃身銃は銃身を２つ以上つけたもので、各銃身から発射できるが、装填は手動である。連発銃は弾薬を入れた弾倉が備え付けられていて、発射する際にレバーを引くことで弾薬が自動的に装填される。半自動銃は連発銃に似ているが、レバーを引くと発射と同時に弾薬が装填される。完全自動銃とはレバーを引き続けていれば弾薬が尽きない限り連続して発射できるものだ。

小火器の歴史は、大砲の発明からやや遅れて小銃が発明されたときからはじまる。小銃を発明したのは中国で、1375年頃までにはヨーロッパに普及していたと考えられている。

15世紀頃までの小銃は照準発射が難しく、発射速度も速くなかった。命中精度も悪く、当時の主力武器として使われていた弓にはかなわなかった。

それでも小銃が戦場に持ち込まれたのは、弓よりも軽いため体力を必要とせず、また弓のように特別な訓練がいらない、誰でも扱える兵器だったためだ。小銃は、発射の際に筋力をほとんど利用しない点で、画期的な発射兵器だったのである。

そして小銃は16世紀はじめ、火縄銃の発明によって発射速度を速め、照準も正確にできるようになった。また、同時期にはヨーロッパで拳銃が発明された。

その後、19世紀初頭頃には、大砲に先んじて銃身にライフリングが施されたライフル銃が開発され、前装式から後装式へ移行したのである。

第4章
雑学

No.089

中国で発明された大砲の元祖とは？

早くから火薬を使った兵器が発達した中国では、ヨーロッパに先駆けて大砲の元祖となるものが発明されていた。そのひとつが「突火槍」と呼ばれる火砲である。

●竹で作られた大砲の元祖

突火槍は、管状の形をした火器のなかでも、もっとも初期に使われていたといわれており、12世紀の中国南宋の時代に発明されたもので、大砲の元祖ともいえる火砲である。

『南宋兵史』という史料に登場し、それによれば、「巨竹をもって筒として、内に子弾を装填し、もし放てば、炎が絶えた後、子弾が発射される。砲声は遠く150歩（約230メートル）に聞こえる」と記述されている。

突火槍は竹の節をくり抜いて作った、前装式の竹製の火砲である。砲身には、点火用の火門を開け、そこに点火して砲弾を発射する仕組みになっている。発射される際には、轟音をともなったという。砲弾には、磁器片や鉄片、石などが使われた。

突火槍は竹さえあれば安価で簡単に作れ、また携帯性にも優れていたため、中国では広く使われた兵器だった。

一方で、射程距離は4～5メートル程度しかなく、竹製なので一度使うと壊れてしまうことが多く、再利用ができないというデメリットも持ち合わせていた。

その後、突火槍は有効な兵器として発展し、砲身は竹製から銅製に変わって強化された。突火槍は南宋からモンゴルへ伝わり、その後ロシアへ伝わった。

ちなみに14世紀初頭のアラビア半島では、突火槍と同じ構造の「マドファ」という火砲が使われていた。マドファは全長150～250センチメートルほどの火砲で、柄のついた木筒に粉状の火薬を装填し、砲身に開けられた小孔から導火線に点火するという構造だった。

突火槍

■中国製
■12世紀製作

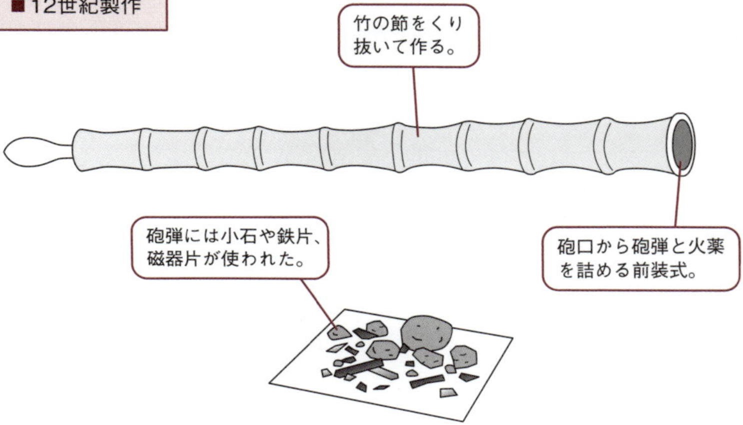
竹の節をくり
抜いて作る。
砲弾には小石や鉄片、
磁器片が使われた。
砲口から砲弾と火薬
を詰める前装式。

突火槍のメリットとデメリット

メリット1

安価で簡単に作ることが可能。

メリット2

軽量だったので携帯性に優れていた。

デメリット1

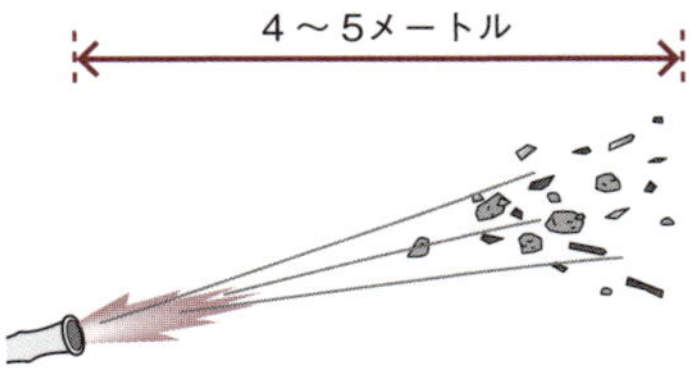
4～5メートル

射程距離が4～5メートルしかない。

デメリット2

竹製なので、一度使うと壊れてしまう。

関連項目

●ヨーロッパ最初期の火砲とは？→No.023
●中国の籠型発射装置「火箭」とは？→No.091

No.090

鉄の甲冑を貫通した地雷「震天雷」とは？

「震天雷」は地雷と榴弾を合わせたような兵器で、12世紀の中国で開発された。導火線をつけた時限式のほかに、起爆装置を使ったものもあった。ここでは震天雷について紹介していく。

●金王朝が発明した地雷

震天雷《しんてんらい》は12世紀の中国（当時は金王朝）で作られた火器である。鉄や陶器の容器の中に鉄の破片と火薬を詰め、火薬に火をつけて爆発させることで敵を攻撃した。

初期の震天雷には導火線はなく、火をつけてからすぐに投げつけるか、もしくは点火して即座に逃げ出してその場で爆発させていたと考えられている。

13世紀に入ると、震天雷に導火線がつけられるようになった。この改良のおかげで、導火線の長さで爆発までの時間を調整できるようになり、震天雷は兵器としての効果をさらに高めた。

震天雷の外観はさまざまだが、直径16～20センチメートルほどの球状のものが主流で、重さは4～10キログラム程度だった。鉄で鋳造された厚さ6.6センチメートルほどの容器に火薬を詰めて、導火線を引いて点火して投擲した。

さらに時代が進むと、導火線による起爆のほかに、起爆装置を使うようにもなった。その仕組みとは、相手がロープに触れると、ロープと連動している火打石が作用して火花を発生させ、導火線に引火させるというものだった。

震天雷は爆発したときに鉄の破片をまき散らし、散乱した破片は鉄甲を貫通したというほどの破壊力をもっていた。

また、爆発したときの大音響が敵の耳をつんざき、馬を怯えさせる効果ももっていた。金朝の歴史書である『金史』には、「音は百里にわたって聞こえた」と書かれている。

震天雷

- 中国製
- 12世紀製作

・直径：16～20センチメートル
・重さ：4～10キログラム
・厚さ：6.6センチメートルほど

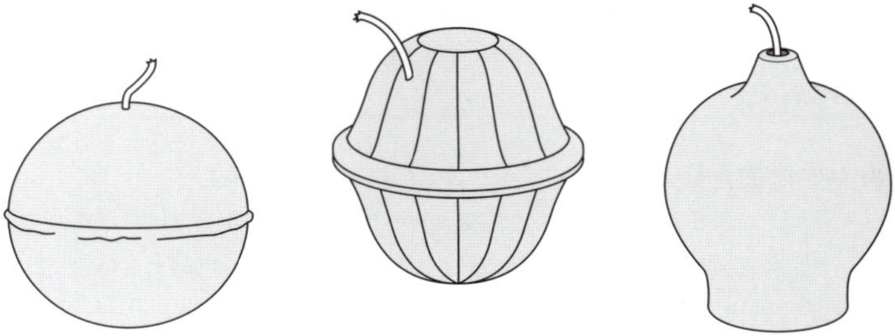

▲形状にはさまざまなバリエーションがある

接触による起爆

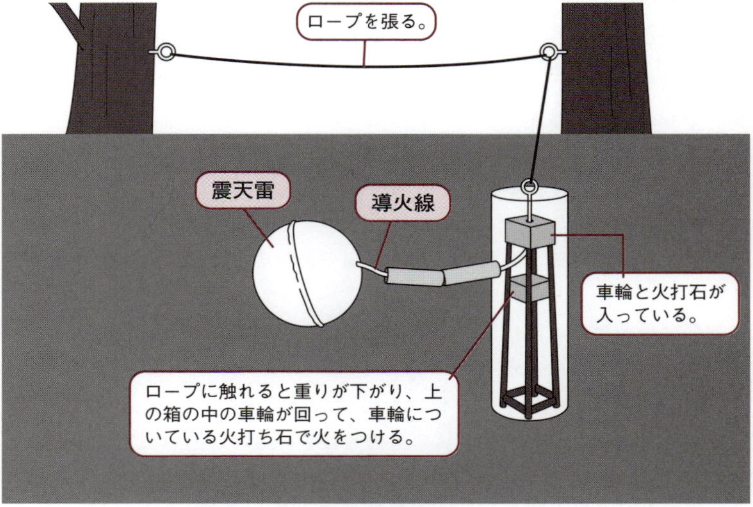
ロープを張る。
震天雷
導火線
車輪と火打石が入っている。
ロープに触れると重りが下がり、上の箱の中の車輪が回って、車輪についている火打ち石で火をつける。

関連項目
●日本軍を苦しめた火力兵器「てつはう」とは？→No.093
●モンゴル帝国で作られた小型火砲「火銃」とは？→No.092

No.091

中国の籠型発射装置「火箭」とは？

火箭とは、通常の弓矢に推進力をつけることで、圧倒的な飛距離を可能にした燃焼兵器である。命中精度に難はあったものの、一斉射撃とその飛距離でデメリットを解消した。

●火矢に似た火器

火箭《かせん》は、13世紀はじめ頃に南宋時代の中国で使用されていた火器のひとつだ。矢の前方部分に火薬を詰めた紙製の筒を取り付け、そこに導火線をつけて着火し、火薬を爆発させて矢を飛ばす火器である。ロケット花火の先端が矢になっていると考えればイメージしやすいだろう。火薬筒は麻布で包んでおくこともあった。

火箭の後方部分には鉄の重りと羽根をつけ、飛行姿勢を安定させる工夫が施されている。

火箭の威力自体は、普通の弓矢と変わらないが、火箭の最大のメリットは、投射機しだいで一度に何発もの矢を発射させることができることと、最大射程距離が800メートル・有効射程距離が500メートルほどという当時としては破格の飛距離にあった。当時の弓矢が約150メートル、弩でも約250メートルほどまでが限界であったことを考えれば、火箭によって戦術の幅は広がった。

また、火薬を詰めた筒の中に、燃焼剤や毒物を混ぜて、殺傷効果を上げることもあった。

初期に使われた火箭は、単発火箭と呼ばれ、弓矢や弩よりも射程距離は長かったが命中率は悪かった。

また、自動発射装置を取り付けた火籠箭というものもあった。これは、片腕で抱えるほどの容器（籠状のものや管状のものがあった）に火箭を入れ、火薬を詰めた容器に点火すると、自動的に矢が飛び出す仕組みになっていたとされるが、詳しいことはわかっていない。組織戦や市街戦で抜群の威力を発揮したといわれる。

火箭

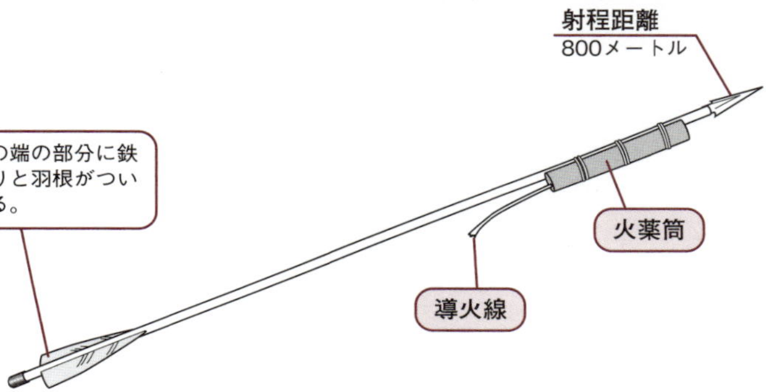
射程距離
800メートル
後方の端の部分に鉄の重りと羽根がついている。
火薬筒
導火線

火龍箭

火薬を詰めた容器に点火すると自動的に発射される。
籠状の容器に火箭を詰める。
火箭の入った容器を片腕で支える。

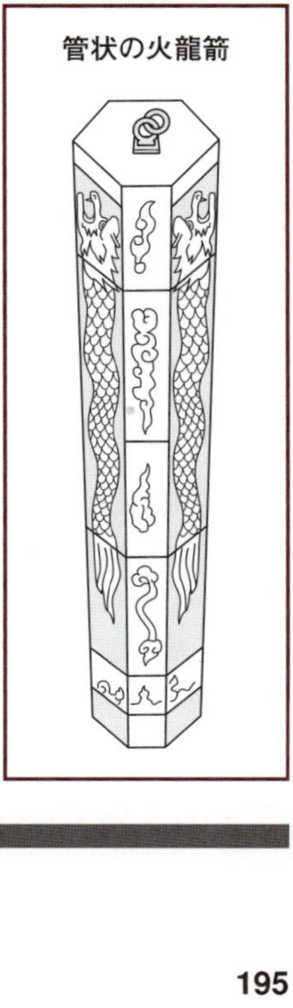
管状の火龍箭

関連項目

●複数の火薬筒を連結した「神火飛鴉」とは？→No.095
●水軍用に作られた火箭「火龍出水」とは？→No.096

No.092

モンゴル帝国で作られた小型火砲「火銃」とは？

「火銃」とは、突火槍の威力をさらに高めた火砲で、13世紀の元帝国で開発された火砲である。その後、3世紀にわたって主要兵器として使われた。ここでは「火銃」について解説する。

●元・明の主力武器となった火銃と手銃

火銃は13世紀の中国・元朝で開発された火砲の一種だ。南宋代に発明された「突火槍」の発展形ともいえるもので、金属製の管状火砲の最初期のものである。

火銃は突火槍と同じように前装式の火砲で、砲身に開けた火門に点火することで、砲身内の火薬を爆発させて砲弾を発射する構造になっている。突火槍との大きな違いは、砲身が銅で作られていることである。

火銃はさまざまなサイズのものが作られたと考えられているが、おおむね砲身長は50センチメートルを超えず、口径は3センチメートル前後のものが多い。重量は4キログラムくらいで、射程距離は最大で180メートルだった。

砲身の真ん中あたりに膨らみがあり、そこが薬室になっていて火門が開いている。砲口から火薬と弾を込め、火門から着火させて砲弾を発射した。操作は2人以上で行い、銃を固定させる者と、照準と着火を担当する者に分かれた。

また、火銃の一種として、箱型の砲架に載せて使用するタイプのものもあった。砲架は長方形の木製の箱で、車輪ではなく木製の脚がついていた。砲身長は2メートルほどだったと考えられている。

火銃の初見は、1288年のモンゴル帝国（元）によるもので、元では主要兵器となり、16世紀頃に火縄銃が伝わる明の代まで使われた。明代になると、1人でも携行できるように火銃の小型化が図られ、「手銃」と呼ばれる小火器も開発された。手銃には火穴にふたがつけられ、火薬を装填する際には計量スプーンのような薬匙と呼ばれるものを使うようになり、より安全に使用できた。

火銃

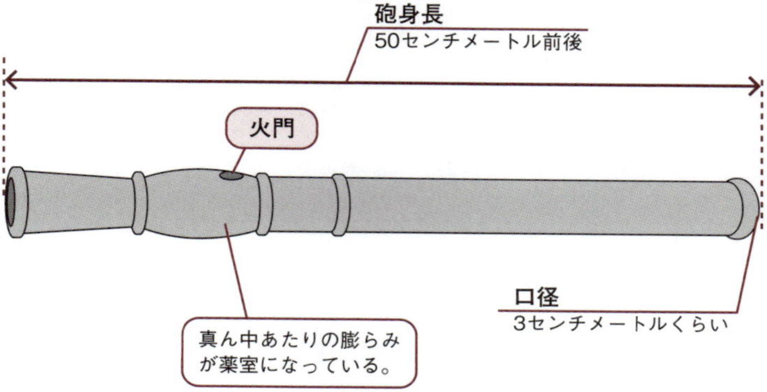
砲身長
50センチメートル前後
火門
口径
3センチメートルくらい
真ん中あたりの膨らみが薬室になっている。

箱型の火銃

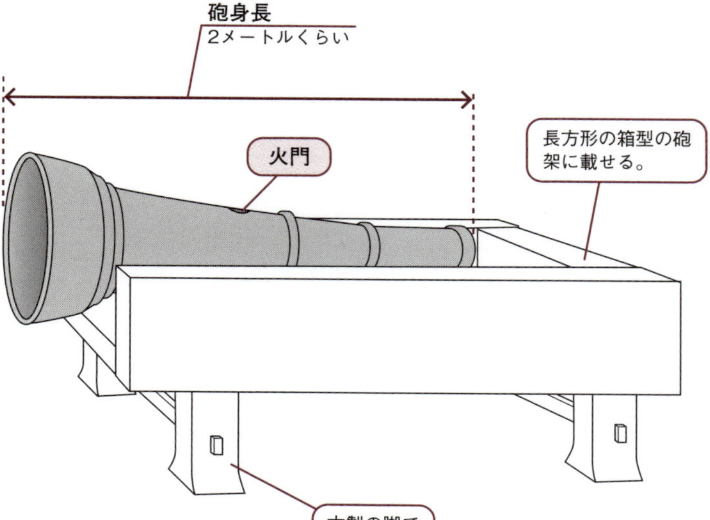
砲身長
2メートルくらい
火門
長方形の箱型の砲架に載せる。
木製の脚で支える。

関連項目

●中国で発明された大砲の元祖とは？→No.089

No.093

日本軍を苦しめた火力兵器「てつはう」とは？

13世紀に開発された「てつはう」は、砲弾を爆発させて、中に入っている鉄片を飛散させ、敵兵を攻撃する砲弾で、のちの榴弾の元祖ともいえるものである。日本に攻めてきた元帝国が使った兵器として知られている。

●人を殺傷するとともに音で驚かす

「てつはう」とは、13世紀のモンゴル帝国、元が使った兵器である。フビライ・ハーンが日本に侵攻してきたとき（元寇）に使用された。

てつはうは、直径15センチメートルほどの鉄製あるいは陶器製の丸い容器の中に火薬と鉄片を詰め込み、それを爆発させて鉄片を飛散させて攻撃する兵器で、のちの榴弾につながる。投石器に設置して放り投げたりした。

鉄製の容器が爆発すると、中に入っていた鉄片が飛び散り、周囲の敵兵を傷つけた。この鉄片は一辺が２～３センチメートル、厚さが１センチメートルほどだったとされ、これが一面に飛び散ったので、かなりの殺傷力をもっていたと考えられている。その威力については、元軍との戦いを記した『太平記』によると、次のようである。

> 「太鼓を打ってお互いの刀が接近した頃、てつはうといって鞠のような弾丸が、坂を下る車のような勢いで走り、霹靂すること閃々たる雷光のようなのを、一度に2000～3000投げ出したから、日本の兵の多くが焼殺され、また櫓に火が燃え移って消すヒマもなかった」

爆発する弾丸が次から次へと降ってきたようで、日本軍はこの攻撃にひとたまりもなく敗走した。

また、てつはうの用途は、人を殺傷するだけではなかった。まず、てつはうが爆発する際に、非常に大きな音を出し、日本軍の耳をつんざいた。そして爆発による閃光や煙の発生は、諸将の目をくらませるのに十分だったという。『愚童訓』には、「その鳴る音は非常に大きく、心がまどい、肝をつぶす。目や耳鳴りがして東西がわからなくなる」と、その威力のすさまじさが記録されている。

てつはう

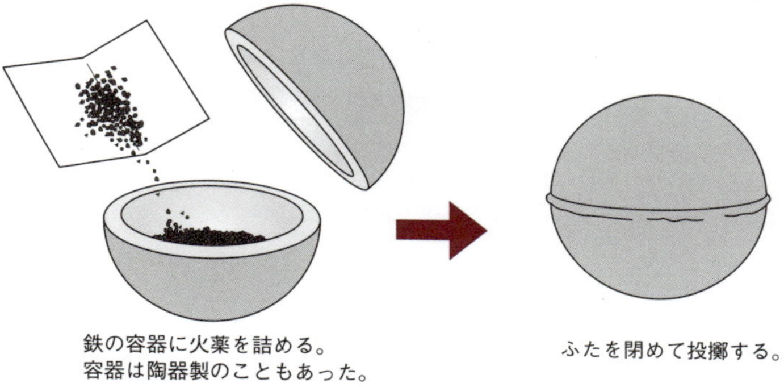
鉄の容器に火薬を詰める。
容器は陶器製のこともあった。
ふたを閉めて投擲する。

襄陽砲を使って、てつはうを投げる

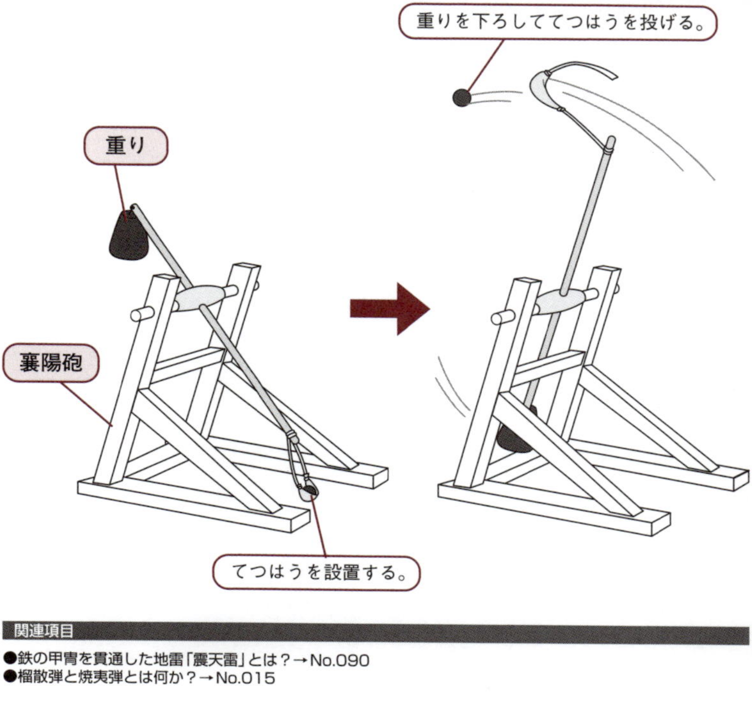
重りを下ろしててつはうを投げる。
重り
襄陽砲
てつはうを設置する。

関連項目

- ●鉄の甲冑を貫通した地雷「震天雷」とは？→No.090
- ●榴散弾と焼夷弾とは何か？→No.015

No.094

大量の鉄菱をまき散らした「西瓜砲」とは?

13世紀の中国で発明された、草創期の砲弾のひとつが「西瓜砲」である。球形の弾を爆発させて、中に入れたものを飛散させることでダメージを与える兵器だが、その威力はどれほどだったのだろうか。

●中国で使用された火器

西瓜砲とは、13世紀の中国で発明された、手榴弾の原型ともいえる兵器である。紙製の容器を麻布で包み、その中に火薬と大量の鉄菱を詰め、導火線に火をつけて爆発させる。爆発すると、中の鉄菱がばらまかれて、敵を攻撃するという仕組みになっている。

爆発物の研究が進んでいた中国では、硝石の含有量によって爆発を起こすギリギリの量というものが早くから発見されており、実際に戦場でも使われていた。当初は導火線ではなく、火薬と一緒に可燃性の物質を入れて、それを導火線代わりにして、それに火をつけてから投げていた。

この欠点を克服するために、導火線をつけたのが、西瓜砲である。西瓜砲は、城壁の防衛に最適だった。城壁を登ってくる敵に対して西瓜砲を投げつけ、敵の頭上で爆発させることで相手を傷つけ、そのあとに鉄菱が地上に散乱するので、下にいる敵に対しても有効な兵器だった。

西瓜砲のなかには、鉄菱だけでなく、火老鼠というものを詰める場合もあった。火老鼠は、竹筒の片方に穴を開け、中に火薬を詰めておく。この火薬に火がつくと、ロケット花火のように飛散し、地上を走り回るのである。

火老鼠は、西瓜砲が発明される以前から単体でも戦場で使われていたが、西瓜砲に内包されることで威力は倍増した。騎馬戦が主流だった当時の中国では、火老鼠入りの西瓜砲はかなり効果があった。爆発したのちに火老鼠が飛び回ることで馬が驚き、驚いた馬は制御を失い逃げ惑ったという。

西瓜砲と似たような火器に「疾黎火球」がある。これは円球状の容器の中に鉄菱などを入れる点は西瓜砲と同じだが、表面に無数の突起がついている点が特徴となっている。

西瓜砲の使い方

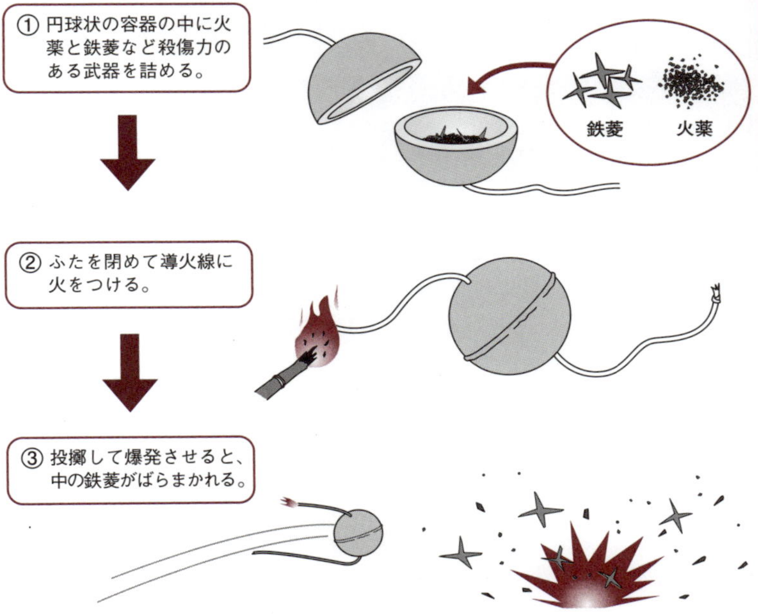
① 円球状の容器の中に火薬と鉄菱など殺傷力のある武器を詰める。
鉄菱
火薬
② ふたを閉めて導火線に火をつける。
③ 投擲して爆発させると、中の鉄菱がばらまかれる。

疾藜火球

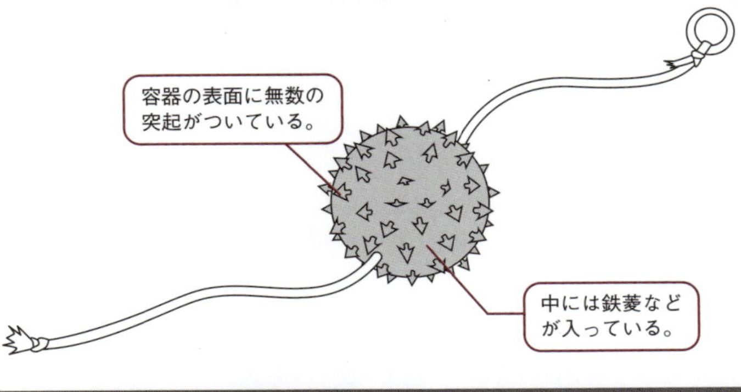
容器の表面に無数の突起がついている。
中には鉄菱などが入っている。

関連項目

●鉄の甲冑を貫通した地雷「震天雷」とは？→No.090
●日本軍を苦しめた火力兵器「てつはう」とは？→No.093

No.095

複数の火薬筒を連結した「神火飛鴉」とは？

「神火飛鴉」は14世紀の中国で開発された兵器で、火箭を推進力にして、鳥の形を模した砲身ごと飛ばして射程距離を伸ばした火砲のひとつだ。その仕組みとはどのようなものだったのか。

●火箭のバリエーションのひとつ

神火飛鴉《しんかひあ》とは、14世紀の明代に発明された火器で、細い竹や葦で骨組みを作って鳥の形にしたハリボテの中に火薬を詰め、それを飛ばして爆発させる。

胴体下部に4本の火箭を縛り付け、火箭に火をつけることで推進力にしている。その4本の火箭がロケットの役割を果たして遠くまで飛んでいくのである。

そして、火箭に積まれた火薬が燃え尽きると、火薬筒の底につけた導火線に着火して、本体に充填された火薬が爆発する仕組みになっていた。専用の発射台も作られていた。

鳥の形を模したのは、敵からの発見を少しでも遅らせるためである。そのため、ハリボテには実際の鳥の羽根を使用したものが多かったという。大きさはさまざまだが、全長80センチメートル、翼幅250センチメートル、重さ12キログラム程度のものが主流だったとされる。これくらいの大きさの場合、飛距離は300メートルほどだったという。

詰める火薬量によって小さいものから大きいものまで作れるが、大きさが大きくなれば、飛距離が短くなった。

神火飛鴉の前身は、「飛空撃賊震天雷砲」という兵器である。構造は神火飛鴉とほぼ同じで、火箭を推進力にした爆発物だったが、飛空撃賊震天雷砲は球体に翼をつけただけの殺風景なもので、それを改良したのが神火飛鴉であった。

しかし、神火飛鴉は4本の火箭にほぼ同時に点火しなければならないため、点火のタイミングは難しかったという。

神火飛鴉

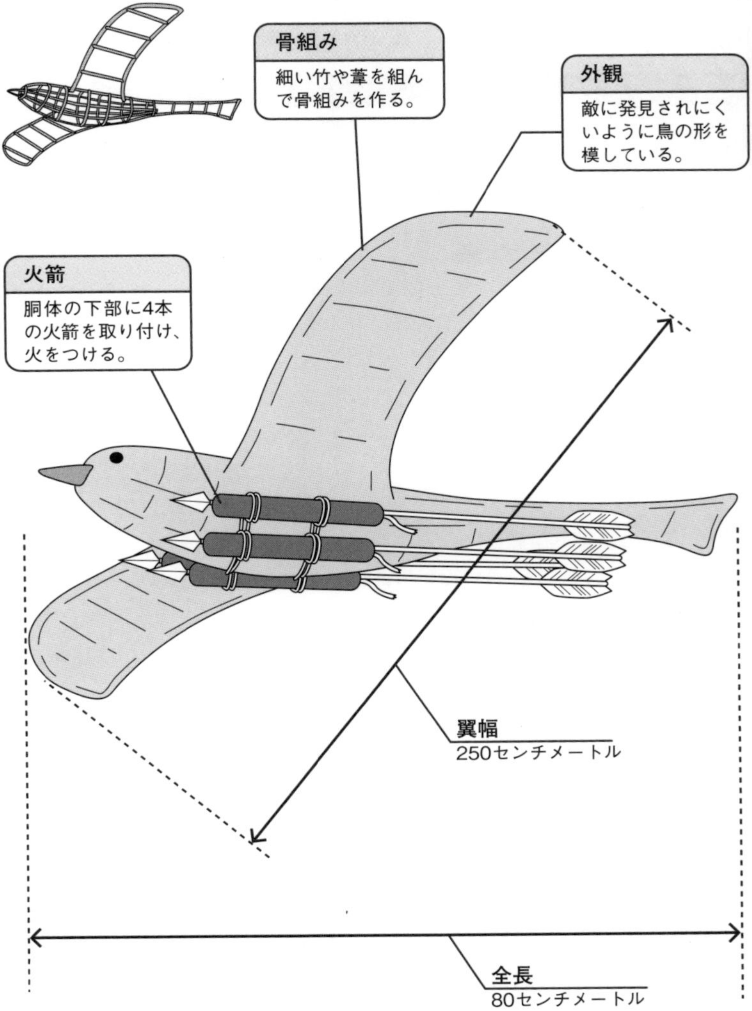
骨組み
細い竹や葦を組んで骨組みを作る。
外観
敵に発見されにくいように鳥の形を模している。
火箭
胴体の下部に4本の火箭を取り付け、火をつける。
翼幅
250センチメートル
全長
80センチメートル

関連項目

●中国の籠型発射装置「火箭」とは？→No.091
●鉄の甲冑を貫通した地雷「震天雷」とは？→No.090

No.096

水軍用に作られた火箭「火龍出水」とは？

中国で開発された「火龍出水」は、水上戦で多用された火砲で、火箭を発展させた兵器であった。火箭を射出して攻撃する仕組みとは、どういうものだったのだろうか。

●水上戦で多用された火砲

火龍出水《かりゅうしゅっすい》は、14世紀の中国の明王朝の時代に発明され、水上戦で多用された火砲の一種である。火箭《かせん》と呼ばれる火器を使ったもので、世界最古のリモート式のロケットともいわれている。

火龍出水は、1.65メートルほどの竹の中をくり抜いて筒状にして、その内部に火箭を数本仕込んだもので、この火箭が筒から飛び出して敵を攻撃した。火箭とは、矢に火薬筒を縛り付けて、火薬の爆発力で飛ばす火器のことだ。

火龍出水の本体の側面には、火薬を中に詰めた筒が4つ取り付けられていた。そして、それらの筒に火をつけて、その爆発によるガスの力で火龍出水を飛ばした。

側面に取り付けられた筒には導火線がついていて、本体の中の火箭に備え付けられた導火線につながっており、側面の筒が燃え尽きると本体内部の火箭に着火して火箭が龍の口から飛び出すという仕組みである。

火龍出水は本体自体が200メートルほど飛び、その後に飛び出した火箭が800メートル飛び、射程距離は合計して1000メートルほどだったとされている。1000メートル先の敵船に向けて大量発射され、敵の船団をことごとく焼き払ったといわれ、現代でいう対艦ミサイルと似たような役割を果たした。

なお、火龍出水には、木彫りで作った龍の頭と尻尾がつけられていたが、龍の姿を模したのは、敵を威嚇するためであった。

こうした火器の発展は中国特有のもので、火龍出水はその最たる例であるといえる。

火龍出水

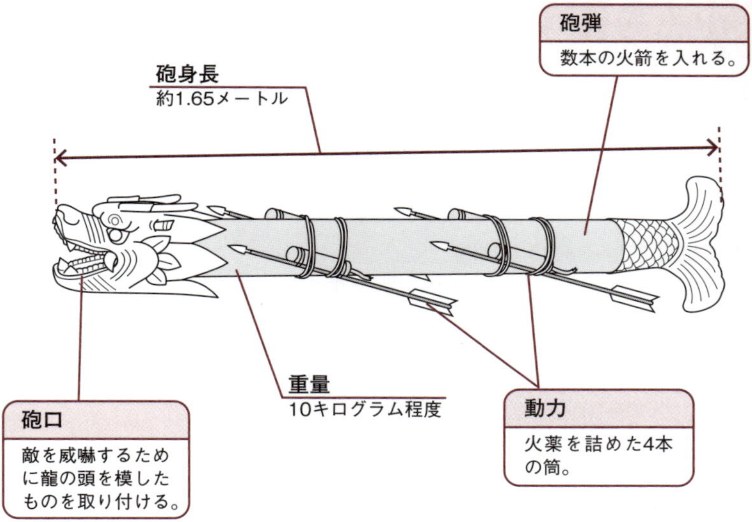
砲弾
数本の火箭を入れる。
砲身長
約1.65メートル
重量
10キログラム程度
砲口
敵を威嚇するために龍の頭を模したものを取り付ける。
動力
火薬を詰めた4本の筒。

火龍出水の仕組み

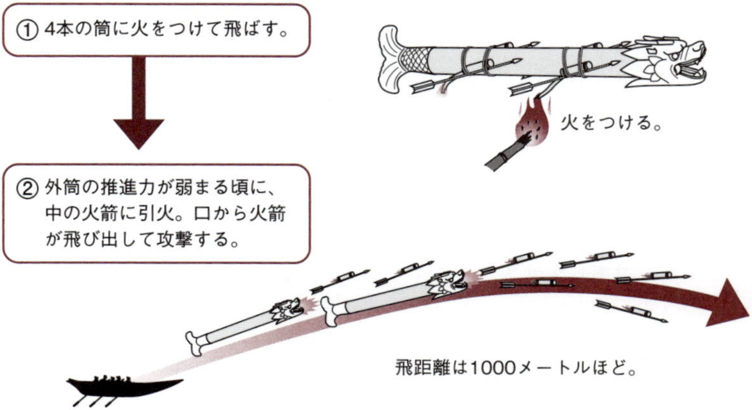
① 4本の筒に火をつけて飛ばす。
火をつける。
② 外筒の推進力が弱まる頃に、中の火箭に引火。口から火箭が飛び出して攻撃する。
飛距離は1000メートルほど。

関連項目

●中国の籠型発射装置「火箭」とは？→No.091
●複数の火薬筒を連結した「神火飛鴉」とは？→No.095

No.097

火炎を四方に噴射する「万人敵」とは？

万人敵は、激しい焼夷効果を持った燃焼兵器で、17世紀の中国で発明された。守城兵器として重用され、水で濡らした綿布をかぶっても焼夷効果が及んだという。

●守城における最良の兵器

万人敵は、17世紀中国明代に発明された燃焼兵器で、城の防衛に威力を発揮した。

万人敵は、泥で球形の容器を作って乾燥させたものに小さな穴を開けて火薬を詰め、その穴に導火線を引き入れたもので、外見上は爆弾のような形をしている。

導火線は可燃物をこより状にしたものや火縄が使われた。導火線の長さを変えることで、爆発時間を調整することができた。

万人敵は保管と運搬を簡単にするために、正四角形の箱型の木枠で周りを囲んでおいた。この木枠は、火薬の爆発で破壊できるように、頑丈には作らない点が特徴である。

サイズや重量は自由自在だが、持ち運んで城壁から落下させるため、60センチメートル四方の木枠に収容できるくらいの大きさで、重さは40キログラムを超えない程度が標準だった。

万人敵を使用する際は、導火線に火をつけて城壁の上などから投げ捨てる。落下の衝撃で木枠は壊れ、万人敵は四方に火炎を噴射しながら転がり、周囲のものに火をつけた。

万人敵の焼夷効果はすさまじく、水で濡らした綿布で防御していた兵士さえ焼き殺したという。また、飛散性があって全方位攻撃も可能で、明代に書かれた技術書『天工開物』には「守城における最良の兵器である」と書かれている。

なお、万人敵の中に詰める火薬は、たいてい硝石や硫黄から作られた焼夷剤だったが、用途に応じて毒薬を配合することもあったという。

万人敵

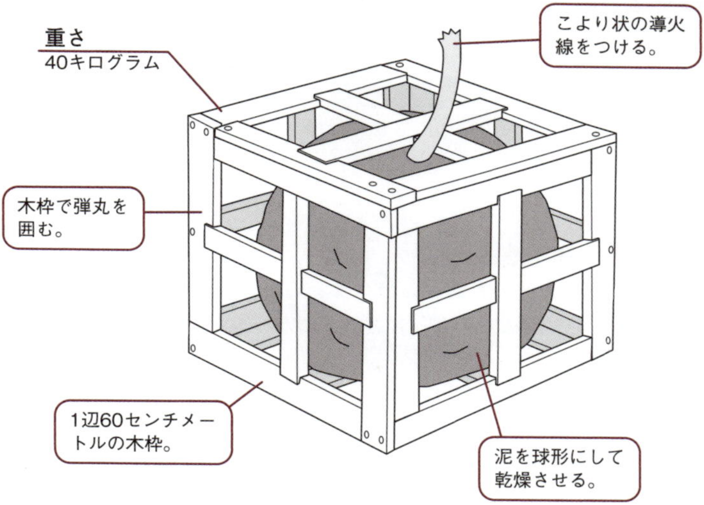
重さ
40キログラム
こより状の導火線をつける。
木枠で弾丸を囲む。
1辺60センチメートルの木枠。
泥を球形にして乾燥させる。

万人敵の使い方

①導火線に火をつけて、城壁の上から外へ投げ落とす。

②落下の衝撃で木枠が壊れ、中の弾丸が爆発して周囲を焼く。

関連項目

●大量の鉄菱をまき散らした「西瓜砲」とは？→No.094
●日本軍を苦しめた火力兵器「てつはう」とは？→No.093

No.098

戦国日本で発明された地雷「埋火」とは？

「埋火」とは、戦国時代の日本で使われた原始的な地雷である。火をつけた火縄や線香を使い、敵が踏んだりして圧力をかけると爆発する仕組みになっていた。

●火縄を使った初期地雷

日本で作られた最初の地雷が、埋《うずめ》火《び》である。1585年、豊臣秀吉が紀州征伐で根来、雑賀を攻めたとき、雑賀の人間が埋火を使って抵抗を試みたといわれている。

埋火は、土中に埋めて使い、その上を踏むと爆発する仕掛けが施されている。30センチメートル四方の木製の四角い容器の中に火薬を詰め込み、これを本体とする。重さは約10キログラム程度だったという。本体には、簡単に割れるように切り込みを入れた。

この地雷を設置する際には、容器のふたをして、その上に竹製の着火器を置く。

この着火器は、竹の節をくり抜いて中を空洞にして、さらに壊れやすいようにそれをふたつに割り、その中に火をつけた火縄を仕込んだものである。その着火器を埋火本体の上に置いておくのだ。

そして埋火を地中に埋めて、草木で偽装を施す。それに気づかずに人が踏むと、上から圧力がかかって竹と箱のふたが割れて、火縄の火が火薬に着火して爆発を引き起こすという仕組みだ。このとき、火薬とともに小石や木片などを混ぜて、爆発のエネルギーでそれらを飛散させて殺傷能力を高めることもあった。

しかし、竹の中にあるとはいえ、やはり雨には弱かった。小雨程度なら問題ないが、雨量が増えると使い物にならなかった。

現在、忍者が埋火を使っていたといわれるのは、雑賀の人間が埋火を使用していたことに起因している。忍者は、埋火と同じ構造を使って「焙烙《ほうらく》の火」という兵器を作り、時限爆弾として使用したという。城に焙烙の火を仕掛けて爆発させ、混乱に乗じて目的を達したとされている。

埋火

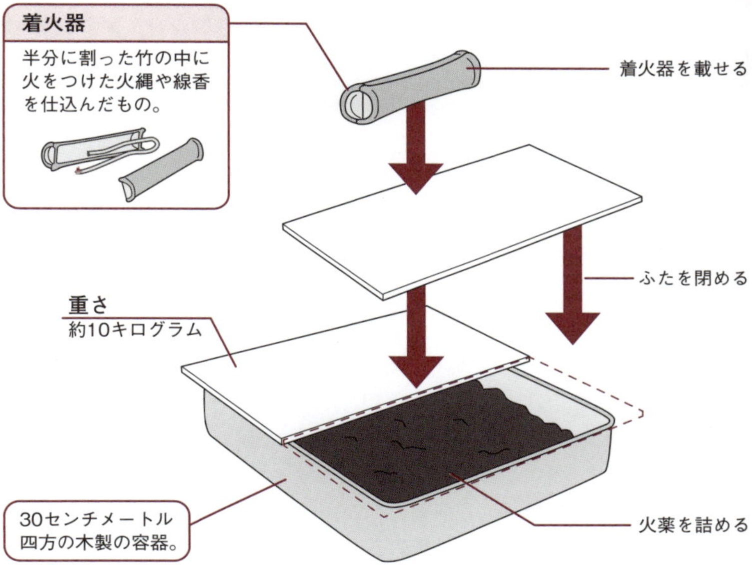
着火器
半分に割った竹の中に火をつけた火縄や線香を仕込んだもの。
着火器を載せる
ふたを閉める
重さ
約10キログラム
30センチメートル四方の木製の容器。
火薬を詰める

埋火の使い方

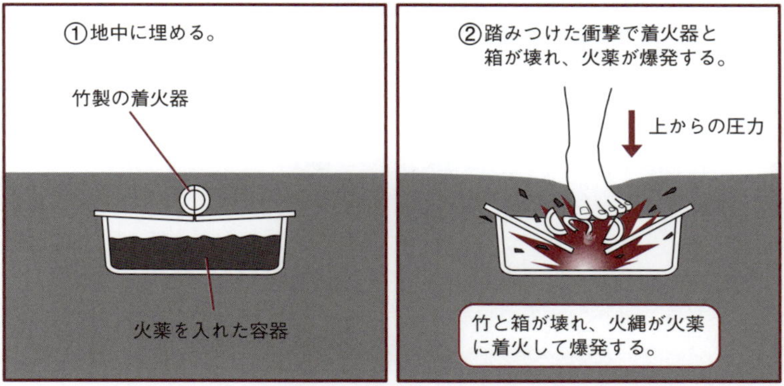
①地中に埋める。
竹製の着火器
火薬を入れた容器
②踏みつけた衝撃で着火器と箱が壊れ、火薬が爆発する。
上からの圧力
竹と箱が壊れ、火縄が火薬に着火して爆発する。

関連項目
●日本で最初の大砲は？→No.032
●鉄の甲冑を貫通した地雷「震天雷」とは？→No.090

No.099

ヨーロッパで開発された騎兵用の火砲とは?

発明当初の大砲は大型化が進んだが、その一方で騎兵が使えるような小型の火砲も開発された。そのひとつに「ハンドカノン」あるいは「ハンドカルバリン」と呼ばれるものがあった。

●騎兵用に開発された小火器

15世紀のヨーロッパで、騎兵用の火砲として開発されたのが、「ハンドカノン」と「ハンドカルバリン」である。

ハンドカノンは、30センチメートルほどの砲身に、90～120センチメートルくらいの柄をつけたものだ。口径は25～30ミリメートルほどであった。重量は全体で2.5～3キログラム（砲身の重量は約1.5キログラム）程度であり、手で持って発射が可能だった。

砲身・柄ともに金属製（青銅製のものが多かったと考えられている）であることが多かったが、木製のものもあったとされる。

ハンドカノンは、砲口から砲弾と火薬を詰める前装式の火砲で、火門に火種を近づけて、砲身内の火薬に直接火をつけて発射した。

ハンドカノンの有効射程距離は100メートルほどであったが、騎兵の兵器としては弓とともに活躍し、砲身を4本束ねて火力を増加させた改良型のハンドカノンも開発されたという。

騎兵用の兵器のもうひとつ、ハンドカルバリンは筒状の砲身をもった火砲で、持ち手を含めた全長が70～100センチメートル、重量が2～3キログラムほどと、ハンドカノンより一回り小さいものである。前装式の火砲で、砲口から弾を詰めてから、砲尾に設けられた火口に火薬を詰めて火縄などで点火した。

ハンドカルバリンは片手で砲をもち、もう一方の手で点火作業をする関係で、発射時の反動を受け止めることができなかったため、馬の鞍に先が二又に分かれた棒を取り付けて、その支え棒で砲身を支えて発射する仕組みになっていた。

ハンドカノン

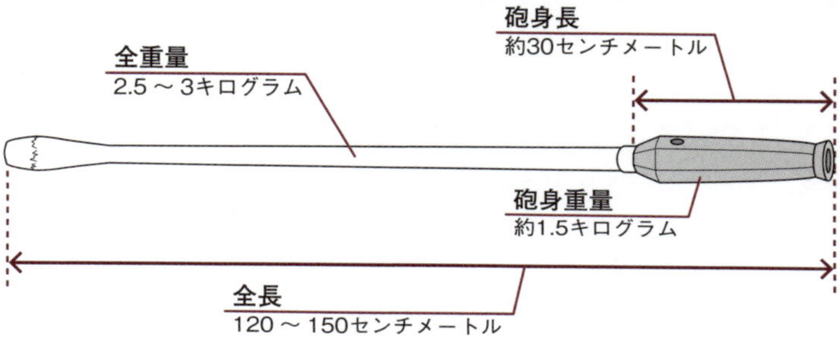
砲身長
約30センチメートル
全重量
2.5 ～ 3キログラム
砲身重量
約1.5キログラム
全長
120 ～ 150センチメートル

ハンドカルバリン

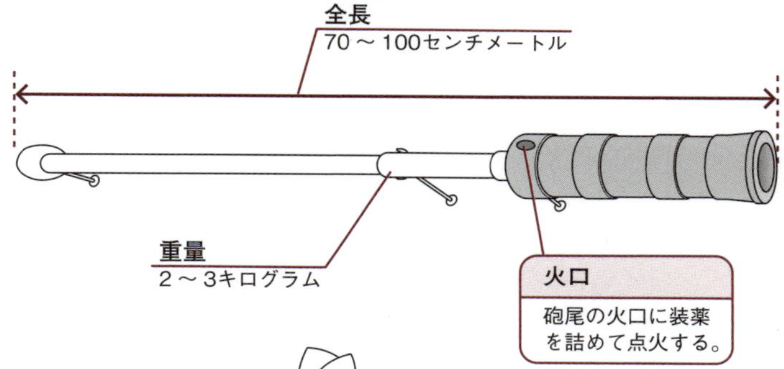
全長
70 ～ 100センチメートル
重量
2 ～ 3キログラム
火口
砲尾の火口に装薬を詰めて点火する。

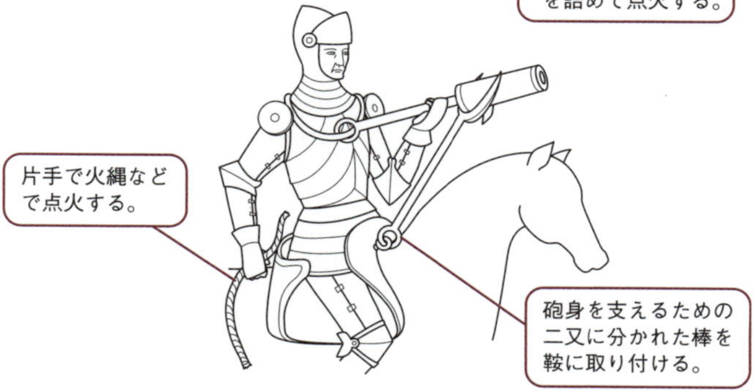
片手で火縄などで点火する。
砲身を支えるための二又に分かれた棒を鞍に取り付ける。

関連項目

●ヨーロッパ最初期の火砲とは？→No.023
●前装式の点火方法とは？→No.005

No.100

方向転換を容易にした投石器「旋風車砲」とは？

移動と照準変更を可能にした投石器が、中国宋代に開発された旋風車砲である。設置型だった投石器の欠点を克服し、野戦でも使えるようになった画期的な発明品であった。

●中国大陸の野戦で使われた兵器

旋風車砲とは、10世紀頃の中国宋代で開発された、移動可能の旋風砲である。ここでいう旋風砲とは、方向転換を可能にした投石器のことである。火薬ではなく石弾を投げ飛ばすもので、のちの石弾砲につながる兵器である。

投石器には、照準を定めたら変更がきかないという点と、設置型のため場所を移動することができないという欠点があった。そこで、まず照準を変更できるように改良を加えたのが旋風砲である。

旋風砲は､支柱を回転させることで､方向を自由に変更できるようになった。石弾を発射するアームの部分を砲梢《ほうしょう》と呼び、その端に麻紐が結ばれる。その麻紐を引っ張って石弾を発射するのだが、引っ張る人数が多いほど威力は増す。なかには麻紐を50本くくりつけて、50人がかりで操作する大規模な旋風砲も作られた。

旋風砲は全長6メートルくらい、砲梢が5.5メートル、麻紐が約12.3メートルという巨大なものだったので機動性には欠けていた。

その欠点を克服したのが旋風車砲だった。車輪をつけた台座に旋風砲を設置するだけという単純な作りではあったが、旋風車砲の発明により投石器を野戦に持ち込むことも可能となった。

その後、13世紀後半に重りが落下する力を利用して、90キログラムもの巨大石弾を投石できる「襄陽砲」がモンゴル帝国で開発された。構造は旋風車砲と同じだが、麻紐を引く人員を削減できるとともに、常に一定の力で投石できるようになった。また、重りの重さを変えることで自由に射程距離を調節できるようになったのである。

旋風車砲

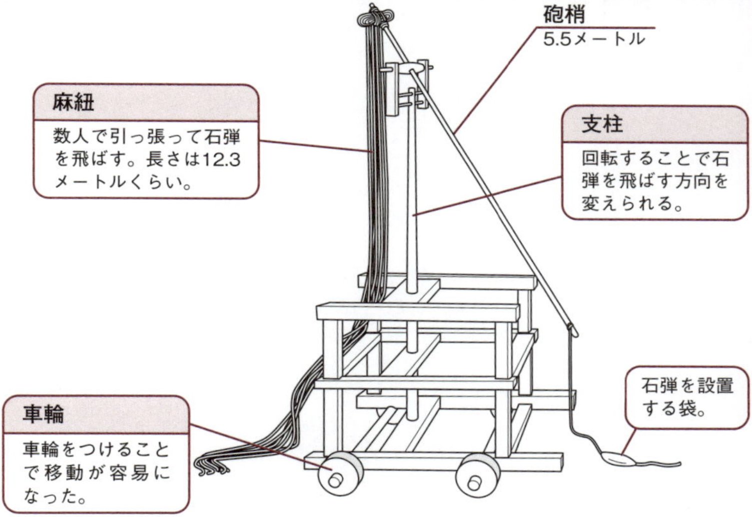
砲梢
5.5メートル
麻紐
数人で引っ張って石弾を飛ばす。長さは12.3メートルくらい。
支柱
回転することで石弾を飛ばす方向を変えられる。
石弾を設置する袋。
車輪
車輪をつけることで移動が容易になった。

襄陽砲（回回砲）

石弾
最大90キログラム
重り
重りの重さを利用して投石する。常に一定の力で投石できる。

関連項目

●ヨーロッパ最初期の火砲とは？→No.023
●日本軍を苦しめた火力兵器「てつはう」とは？→No.093

歩兵の主力兵器となった「機関銃」

速射・連射できる小火器はその誕生以来、各国の軍部が求めてやまない兵器だった。

1本の銃身に複数の銃弾を込めて発射したり、銃身を何本もまとめていっせいに射撃したり、さまざまな方法が考えられてきた。しかし、どれも技術的な制約のためにうまくいかなかった。たとえば、1718年頃にイギリスで「パックル銃」という機関銃が発明されている。これはスタンドつきの大型リボルバーで、1分間に9発の連射が可能だったとされる。最高で7分間、63発を発射したと記録されている。

機関銃が発展するのは19世紀末で、アメリカの南北戦争で「エイガー　コーヒーミルガン」という、1分間に100～120発を発射する機関銃が現れた。そして、1860年代に銃身を何本も束ねたガトリング砲が出現して普及するようになった。その後もフランス製「モンティニー機関銃」など改良型の機関銃が発明されたが、いずれも手動型だった。

そして1880年代になって、イギリスで全自動式の「マキシム機関銃」が発明され、機関銃は画期的な進歩を遂げた。マキシム機関銃は重量が27.2キログラム、銃身67.3センチメートルで、1分間に500発もの弾丸を発射できた。

機関銃はその威力によって戦場でも歩兵の主力兵器にのし上がり、さまざまなものが開発された。

歩兵が扱う機関銃は、おおむね3つに分類される。ひとつめは軽機関銃で、1人の兵士で持てるほどのものである。使用するときは地面に伏せて、二又に分かれた脚架に銃を置いて使用する。ふたつめは中機関銃で、砲架か三脚架に載せて、数人で使用する。3つめが重機関銃で、中機関銃よりも口径が大きく、威力も大きくなっている。重機関銃は対空防衛に用いられることが多い。

重要ワードと関連用語

か

■滑腔砲

砲身内にライフリングが施されていない大砲のこと。大砲のような大きな兵器に溝を彫るのは難しく、さらに砲弾をライフリングに沿って装填することも容易ではなかったため、前装式の大砲が主流の時代は、ほとんどの大砲が滑腔砲だった。

■カノン砲

火砲の種類のひとつ。おもに榴弾砲と区別するために分類される。大砲のなかでは比較的、大きい部類に入る。時代によって定義が異なるので注意が必要である。

■臼砲

火砲の種類のひとつ。ほかの火砲と比べると口径が非常に大きいのが特徴で、砲身は分厚くて短い。中世ヨーロッパで開発され城郭攻撃で真価を発揮し、第二次世界大戦までの長期間、使用された。

■クルップ社

ドイツの重工業会社で、火砲メーカーとして有名。明治時代の日本もクルップ社の大砲を搭載しており、「克式」と表記された。第二次世界大戦では、ラインメタル社とともに火砲生産を行い、ドイツの軍事力を支えた。

■後装式

砲尾から火薬と砲弾を装填する方式の火砲のこと。前装式に比べて火薬・砲弾の装填が容易であり、現代の大砲はほぼ後装式になっている。砲尾を完全に密閉しないと燃焼ガスが漏れて威力が落ちるとともに危険であり、産業革命以前の時代は鋳造技術が未熟だったこともあって完全密閉を実現することができなかった。

さ

■自走砲

車両の上に大砲を載せたもの。外見は戦車に似ているが、戦車は敵陣突破を目的に開発され、自走砲は大砲に機動力を与えるために開発されたという違いがある。また、自走砲は戦車ほどの装甲が施されていない。

■射程距離

発射された砲弾が着弾するまでの距離のこと。敵を効果的に攻撃できる距離を「有効射程」という。それに対して射程距離は、砲弾が届くぎりぎりの距離のことをいい、有効射程に対して「最大射程」ということもある。

■初速

砲口から砲弾が発射されるときの速度のことで、正式には「砲口初速」という。一般的に砲身が長いほうが初速は速くなる。また、初速が速ければ、そのぶん射程距離も伸びる。ただし、初速が速くなると砲身にかかる圧力（砲圧）が大きくなるため、砲身の強度を上げなければならず、また砲身が長くなると砲身寿命が短くなりやすいという影響がある。

■信管

砲弾の中に詰められた炸薬を爆発させるための装置で、任意の時間に作動させることで、爆発時間を調整できる。砲弾だけでなく、爆弾や地雷などでも使われる。信管は大きく分けると着発信管、時限信管、近接信管に分類される。なお、炸薬に点火するための装置を信管といい、装薬に点火するための装置は雷管といって区別している。

■制式採用

軍の規格として定められ、採用されること。制式採用になった年号を大砲の名前につけることが多いが、日本の場合は注意が必要だ。たとえば「九四式75ミリメートル砲」は、1894年に採用されたのではなく1934年である。こうしたズレは、昭和時代に入ってから「日本の紀元」（神武天皇即位年を元年とする）で年号を数えたために生じたものである。1934年は紀元2594年であるため、九四式と命名された。ただし、これは昭和に入ってからで、大正14年制式採用の砲は「十四年式」、明治41年制式採用の砲は「四十一年式」と命名されている。

■前装式

砲口から火薬と砲弾を装填する方式の火砲のこと。砲尾を開ける必要がないため、燃焼ガスが漏れることがない。鋳造技術が未熟だった中近世では、砲尾を開けた大砲を作ることは困難だったため前装式が主流だった。

た

■第一次世界大戦

1914年に勃発した世界戦争（1918年終戦）。フランス・イギリス・アメリカなどの協商国と、ドイツ・オーストリア・オスマン帝国などの同盟国が戦った。戦車や航空機がはじめて戦場に登場し、そのため対戦車砲や対空砲が開発されるなど、火砲史上にも大きな影響を与えた。

■対空砲

火砲の種類のひとつで、高射砲ともいう。空中の敵を攻撃するために開発された大砲で、間接攻撃を行う。攻撃目標は高速度で飛ぶ航空機であるため、射撃速度が速いのが特徴。現代でも使われている。

■対戦車砲

火砲の種類のひとつ。第一次世界大戦後に開発された、比較的新しい大砲といえる。戦車に対抗するために開発されたもので、当初は移動しながら攻撃ができるように、ほかの大砲よりも軽く作られたが、戦車が大型化したため、対戦車砲も巨大化した。長距離攻撃が可能な対戦車ミサイルが開発された現代では、ほとんど使用されることはない。

■弾道

砲身から発射された砲弾が着弾するまでに描く軌道のこと。どのような弾道を描いて着弾するのかは、より効果的に大砲を使用するために必要であり、軍事学には「弾道学」という分野もあるほど重要視されている。

■弾薬

砲弾と火薬のこと。分離弾薬（装薬を薬嚢に詰めたもの）、固定弾薬（装薬と砲弾が一体化したもの）、半固定弾薬（装薬を詰めた薬莢を使うが、収納時や装填時には砲弾と装薬が分離しているもの）などに分けられる。

■徹甲弾

戦車や軍艦などの装甲に穴を開けるために開発された実体弾で「AP弾」ともいう。砲弾内に炸薬を詰めた徹甲弾を「徹甲榴弾」という。

は

■迫撃砲

火砲の種類のひとつで、射角が高いのが特徴。また、砲尾を地面に設置して使用するため駐退復座機が不要である。ほかの大砲に比べて軽量かつ小型であるため、砲兵ではなく歩兵部隊に装備される。現代でも大型化した迫撃砲が使われている。

■平衡機

砲身をスムーズに上下動させるために取り付けられた、バランスをとる装置のこと。通常、砲身は砲尾に近い位置で砲耳に支えられているが、平衡機をつけずに砲身のバランスをとろうとすると、砲耳で支える位置はもっと砲身の中央寄りになってしまう。そうすると、射角をとって砲撃したときに、砲尾が地面に衝突してしまう。そのため、平衡機を取り付けてバランスをとらなければならないのである。

■閉鎖機

後装式の火砲の砲尾を密閉するための装置。砲尾を開けた後装式の火砲は、閉鎖機がないと燃焼ガスが漏れてしまい威力が落ちるため、必ず閉鎖機が取り付けられている。

■砲身

砲弾を装填し、発射させるための部品。細長い円筒形をしている。昔の砲身は樽（バレル）と製造方法が似ていたため、現在でも「バレル」と呼ぶこともある。

や

■野戦砲

日本では、前線部隊に所属して野戦に参加する砲兵が使用する大砲のことを野戦砲というが、国によって定義が違うのであまり使用されない。

ら

■ライフリング

砲身内に彫り込まれた溝のこと。その溝に砲弾を食い込ませることで、砲弾に回転が生じ、弾道を安定させる効果がある。それまでの砲身内が平面状の滑腔砲から発射された砲弾と比べて命中精度が格段に上がった。「腔綫」ということもある。

■ライフル砲

砲身内にライフリングを施した大砲のこと。

■榴弾砲

火砲の種類のひとつ。カノン砲よりも砲身が短く、射程距離が短いのが特徴。当初は、榴弾をおもに発射する大砲のことを、従来のカノン砲と区別するために分類した。現代では、榴弾砲とカノン砲との区別はない。

■列車砲

列車に載せた大砲のこと。口径が大きく、砲身が長いのが特徴で、長距離砲撃に適していた。

索引

数字、英数字

あ

か

さ

ま

や

ら

参考文献

『武器と防具　西洋編』市川定春著　新紀元社
『武器と防具　中国編』篠田耕一著　新紀元社
『武器と防具　幕末編』幕末軍事史研究会著　新紀元社
『武器事典』市川定春著　新紀元社
『武器屋』Truth In Fantasy編集部　新紀元社
『戦略戦術兵器事典③ヨーロッパ近代編』学習研究社
『戦略戦術兵器事典⑦中国中世・近代編』学習研究社
『図説 中国の伝統武器』伯仲編著、中川友訳　マール社
『世界戦争事典』ジョージ・C.コーン著、鈴木主税／浅岡政子訳　河出書房新社
『飛び道具の人類史』アルフレッド・W.クロスビー著、小沢千重子訳　紀伊國屋書店
『戦闘技術の歴史2　中世編』マシュー・ベネット／ジム・ブラッドベリー／ケリー・デヴリース／イアン・ディッキー／フィリス・G.ジェスティス共著、野下祥子訳、淺野明監修　創元社
『戦闘技術の歴史3　近世編』クリステル・ヨルゲンセン／マイケル・F.パヴコヴィック／ロブ・S.ライス／フレデリック・C.シュネイ／クリス・L.スコット共著、竹内喜／徳永優子訳、淺野明監修　創元社
『図説 中世ヨーロッパ武器・防具・戦術百科』マーティン・J.ドアティ著、日暮雅通監訳　原書房
『イスラム技術の歴史』アフマド・Y.アルハサン／ドナルド・R.ヒル共著、多田博一／原隆一／斎藤美津子訳、大東文化大学国際関係学部現代アジア研究所監修　平凡社
『兵器と戦術の日本史』金子常規著　原書房
『実用精密機械講座　第2　兵器』太田戍三著　誠文堂新光社
『船の歴史事典』アティリオ・クカーリ／エンツォ・アンジェルッチ著、堀元美訳　原書房
『大砲撃戦』イアン・V.フォッグ著、岩堂憲人訳　サンケイ出版
『大砲入門　陸軍兵器徹底研究』佐山二郎著　光人社
『水雷兵器入門』大内建二著　光人社
『日本陸軍の火砲　野砲　山砲』佐山二郎著　光人社
『日本陸軍の火砲　機関砲　要塞砲続』佐山二郎著　光人社
『武器』ダイヤグラム・グループ編、田島優／北村孝一訳　マール社
『大砲と帆船』C.M.チポラ著、大谷隆昶訳　平凡社
『兵器の歴史』加藤朗著、戦略研究学会編、石津朋之監修　芙蓉書房出版
『火砲の起原とその伝流』有馬成甫著　吉川弘文館
『世界銃砲史』岩堂憲人著　国書刊行会

水野大樹（みずの・ひろき）

1973年生まれ。静岡県出身。出版社、編集プロダクション勤務を経て、現在はフリーライター（たまにフリーエディター）として活動している。歴史分野の執筆を得意とし、プライベートでも史跡めぐりを趣味とする歴史愛好家である。

F-Files No.039

図解　火砲

2013年7月3日　初版発行

著者　水野大樹（みずの ひろき）

編集　有限会社バウンド／新紀元社編集部
カバーイラスト　横井淳
図版・イラスト　福地貴子
DTP　株式会社明昌堂

発行者　藤原健二
発行所　株式会社新紀元社
〒160-0022　東京都新宿区新宿1-9-2-3F
TEL：03-5312-4481
FAX：03-5312-4482
http://www.shinkigensha.co.jp/
郵便振替　00110-4-27618

印刷・製本　株式会社リーブルテック

ISBN978-4-7753-1135-6